"十二五"江苏省高等学校重点教材

编号:2013-1-062

电子产品设计与制作教程

（第二版）

主　编　赵　秋
副主编　李从宏
编　者　江国栋　张晓阳

U0361421

南京大学出版社

图书在版编目(CIP)数据

电子产品设计与制作教程 / 赵秋主编. --2 版.
--南京:南京大学出版社,2014.12(2023.1 重印)
高职高专"十二五"规划教材.机电专业系列
ISBN 978-7-305-13671-9

Ⅰ.①电… Ⅱ.①赵… Ⅲ.①电子工业-产品-设计
-高等学校-教材 ②电子工业-产品-生产工艺-高等学
校-教材 Ⅳ.①TN602 ②TN605

中国版本图书馆 CIP 数据核字(2014)第 170858 号

内 容 简 介

本书是为技术型高等院校学生编写的项目化教材,全书框架由两部分组成,第一部分是《电子产品设计与制作》这门课程的课程标准,第二部分是课程的 5 个具体项目,每个项目由教学任务书、学习指导、学生实施项目后完成的技术报告和相关知识附录组成。

本书采用项目化教学方法,使用学校可以根据教学安排的具体情况及学生的接受能力选用其中的若干项目,教学组织上可以采用时间分段的方式组织实施。

本书的主要使用对象是电子信息类专业的本、专科大学生,同时也可作为研究生在进行项目开发时的参考书。

出版发行　南京大学出版社
社　　址　南京市汉口路 22 号　　　　　邮　　编　210093
出 版 人　金鑫荣
丛 书 名　高职高专"十二五"规划教材·机电专业系列
书　　名　电子产品设计与制作教程(第二版)
主　　编　赵　秋
责任编辑　王秉华　蔡文彬　　　　　编辑热线　025-83686531
照　　排　南京开卷文化传媒有限公司
印　　刷　常州市武进第三印刷有限公司
开　　本　787×1 092　1/16　印张 12.5　字数 296 千字
版　　次　2014 年 12 月第 2 版　2023 年 1 月第 3 次印刷
ISBN 978-7-305-13671-9
定　　价　36.00 元
网　　址:http://www.njupco.com
官方微博:http://weibo.com/njupco
官方微信号:njupress
销售咨询热线:(025)83594756

前　　言

《电子产品设计与制作》作为电子信息类专业的一门综合实训课程,在重点培养高年级学生专业能力的同时,也希望通过课程的组织和教学安排培养高职学生的社会能力和方法能力,让学生掌握职业和终身学习的能力和基本素质,以满足毕业后在电子行业企业从事研发、调试岗位的能力要求。

南京工业职业技术学院电子信息教学团队,根据电子信息类专业面向的职业技术领域——电子产品设计与制作,确定了电子信息专业群实践教学体系中综合实训环节教学内容,归纳形成了基于典型工作任务完整工作过程的5个综合实训项目——电子测温计、基于接触式 IC 卡的计时系统、数字稳压电源、数码音量控制扩音器、基于 FPGA 的液位监控系统设计与制作,并提供了供教师和学生具体实施所使用的综合实训课程标准、学习指导、教学任务书和学生完成的技术报告。

本教材是在第一版的基础上认真听取了相关院校老师和学生的意见之后的再版,项目的选取和内容上做了较大的变化,使之更加符合新技术的发展和学生的实际使用。以前听人感叹"建筑是遗憾的艺术",实际上,我们体会特别是技术快速发展的书,才真是遗憾品,即使费尽心血也难免在书印出后发现一堆遗憾,再版或许能够减弱这种遗憾的程度。由于所有的项目都是团队成员近6年原创的,期间付出的心血不是辛苦二字可以形容,没有出版过书的人很难理解其中的艰辛。

本书的编写理念和架构体系由赵秋设计并统稿,第一部分由赵秋编著,第二部分项目一由赵秋编著,项目二和项目三由李从宏编著,项目四由江国栋编著,项目五由张晓阳编著,吴国中和杨燕为本书的再版做了许多有益的工作。

本书的项目已经在实践中多次使用,但由于作者水平有限,疏漏之处敬请批评指正,如有建议及需求项目电路板的读者可与我们联系,编者信箱:zhaoq@niit.edu.cn。

编　者

2014 年 5 月

目　　录

第一部分　教学标准

第二部分　综合实训项目

第一部分　教学标准

一、前言

1. 本课程在相关专业中的定位

《电子产品设计与制作》是电子信息专业群技术平台上的一门重要的综合性项目课程。通过本课程的学习,解决两方面的问题:其一,将本专业群学习过的专业课程中已掌握的知识、技能与所形成的单项、单元能力通过一个综合性项目课程进行融合,使学生了解这些已掌握的知识、技能与所形成的单项、单元能力在完成一个本职业技术领域电子产品设计典型工作任务时所起的作用,并掌握如何运用这些知识、技能与单项、单元能力来完成一个综合性的项目,同时激发与培养其从事本职业技术领域工作的兴趣与爱好;其二,通过综合性项目课程,使学生在前期已进行过两个电工电子基本技能项目训练的基础上,学习并培养自己完成一个本职业技术领域电子产品设计方面典型工作任务完整工作过程所需要的方法与社会能力,养成良好自觉的职业习惯与素养。

2. 本课程的基本教学理念

(1) 突出学生主体,注重学生的能力培养

本课程在目标设定、教学过程、课程评价和教学方式等方面都突出以学生为主体的思想,注重学生实际工作能力与技术应用能力的培养,使课程实施成为学生在教师指导下构建知识、提高技能、活跃思维、展现个性、拓宽视野和形成工作能力的过程。

(2) 拓展学习领域,改变教学方式,培养学生实际工作经验

本课程在教学过程中,引导学生进行调研与资料的查询和分析,理解现实电子产品实现技术与所学知识之间的关系,鼓励其结合自己的思考提出问题。在教师引导下,通过分析比较,使学生自主归纳总结,以便增强学生对技术方案的理解与评价能力;通过技术方案的决策、实施计划安排讨论与分工合作完成一个具体项目任务,使学生学会如何在一个团队的工作中通过沟通与交流,形成工作方案和安排具体工作计划,并以团队方式合作完成项目工作的能力与经验。

(3) 尊重个体差异,注重过程评价,促进学生发展

本课程在教学过程中,倡导自主学习,启发学生对设定状况与目标积极思考、分析,鼓励多元思维方式并将其表达出来,尊重个体差异。建立能激励学生学习兴趣和自主学习能力发展

的评价体系。该体系由过程性评价和结果性评价构成。在教学过程中以过程性评价为主,注重培养和激发学生的学习积极性和自信心。结果性评价应注重检测学生的技术应用能力。评价遵循有利于促进学生的知识与技术应用能力和健康人格的发展。建立以过程培养促进个体发展;以学生可持续发展能力评价教学过程的双向促进机制;以激发兴趣、展现个性、发展心智和提高素质为基本理念。

二、课程目标

1. 课程总目标

作为电子信息专业群的学生,在学习了《模拟电子技术》、《电气 CAD》、《数字电子技术》、《电子测试与维修技术》、《电子产品制造工艺》、《高频电子技术》、《单片机技术》等课程,并在进行了"电工电子基本技能实训"和"电子工艺实训"后,就具备了电子技术基本理论知识和基本技能,有了进一步将已经学过的相关课程及在课程中已初步掌握的单项、单元(技能)能力融合在一起,通过一个典型电子产品方案的设计、元器件选型与采购、原理图设计、印制板设计、印制板的安装与调试、程序的编写与调试、设计文件的编制、测试结果分析与项目完成后的评估总结报告的撰写等完整工作过程的训练,完成一个实际电子产品开发的综合职业能力。

2. 具体目标

(1) 专业能力目标

通过本项目课程的学习与训练,使学生在前期课程与综合项目训练已掌握电气安全知识、电气绘图技能、元器件辨识、简单电路原理图识读、电路参数计算、常规仪器仪表使用、印制电路板设计、常用电子装配工具使用、电子产品焊接与装配工艺国际标准规范 IPC - A - 610D 以及无线电调试工国家职业标准规定的其他知识与技能的基础上,着重培养学生完成一个典型电子产品设计完整工作过程应具备的专业能力:① 根据相关法律、行业标准、技术规定、制订电子产品的初步设计方案与决策能力;② 元器件选择的能力;③ 复杂印制板设计能力;④ 设计文件的编制能力;⑤ 单片机的程序编制、调试能力;⑥ 设计结果分析与项目完成后的评估总结报告的撰写能力。

(2) 方法能力目标

提出自己的独立见解与分析评价,能对多种方案从技术、经济、社会等各方面进行比较分析,通过团队的集体研讨、决策选定本团队最终项目的设计方案,制订详细的工作计划,在实施的过程中养成良好的工作习惯,能即时通过测试结果发现问题、研究问题、提出改进措施、完善产品性能,使之达到设计要求,完成产品相关技术文件编制,学生能总结自己的工作,与团队成员一道通过研讨交流,评估本项目完成过程中的得失与经验。

（3）社会能力目标

① 情感态度与价值观

在实训的过程中，培养学生严谨认真的科学态度与职业习惯，改变不良的学习行为方式；培养引导其对电子产品制作的兴趣与爱好，使学生形成积极主动的学习习惯；通过成功的技术工作收获与产品成果，让学生感受技术产品及完成过程中内在的科学规律、技术美感和享受成功、树立自信的态度；培养学生立足社会，从技术、组织、环境、安全等各方面形成完成技术工作的态度与价值观。

② 职业道德与素质养成

在实训的过程中，通过不同成功与失败案例的对比剖析，让学生领悟并认识到敬业耐劳、恪守信用、讲究效率、尊重规则、团队协作、崇尚卓越等职业道德与素质在个人职业发展和事业成功中的重要性，使学生能树立起自我培养良好的职业道德与注重日常职业素质养成的意识。

三、项目内容描述

1. 项目选题范围

电子技术领域常规的产品与系统。例如电源产品、消费类电子产品、电子医疗设备类、简单仪器仪表、短距离无线接收发送等产品的设计与制作。

2. 项目内容要求

鉴于承担本《电子产品设计与制作》教学的各项目实训教学团队围绕以上选题范围所布置的项目教学任务各异，因此本标准对本综合实训项目课程教学内容仅提出如下原则性要求：

① 具有电子技术领域典型工作任务特征，并具有完整工作过程设计与教学要求。

② 项目教学中所形成的各环节教学模式、作业文件与成绩评价明确规范。

③ 项目教学中所形成的作业过程与作业文件符合企业产品设计、制造与生产遵循的国家技术标准与规范要求。

④ 为学生提供的指导和条件能确保学生完成项目所规定的全部工作。

⑤ 融入无线电调试工（中级）职业资格考证应有的知识与技能点。

四、实施要求

1. 教学实施要领与规范

项目技术实施要领及规范	教学组织实施要领及规范	作业文件、考核办法与时间安排
教师针对企业或本专业职业技术领域中典型的技术产品开发工作,提炼出综合实训项目及技术参数形成项目任务书。项目应该是在教学环境中可以实施的物化产品,能使学生获得工作过程的完整训练。	学生以项目为单位,每 3~5 人组成一个项目组。项目组设组长,组长负责项目组与技术协调工作。项目组通过自主讨论对任务进行分解,保证每位学生有一项具体工作内容,并形成项目工作总体计划安排表。 教师下达任务后,为每位学生提供一份项目任务书。对项目工作任务进行必要的讲解,提出学习要求,指导项目组设计总体工作计划安排,引导项目组分解任务落实每位学生的具体工作内容。	作业文件 　1. 项目组分工安排及工作总体计划安排表; 　2. 本阶段活动讨论纪要。 考核办法 　教师通过参与项目组讨论了解每位学生的工作态度与能力水平状况。 时间安排 　实训正式开始第 1 周。
本阶段针对项目任务书,对拟完成的产品进行: 　1. 总体方案的构思; 　2. 主芯片的选择论证; 　3. 所需开发软件的功能分析与设计; 　4. 绘制项目初步设计阶段必需的草图; 　5. 形成项目总体设计方案。	学生在教师指导下,自主通过各种方式进行信息收集、整理、加工与处理,并在研究交流基础上决策项目最终设计方案,并制定本阶段的工作计划进程安排表,使每个学生对项目整体和自己分工的工作任务以及与项目组其他成员之间的关系有一个清晰的了解。 教师引导项目组拟定本阶段工作计划的安排及时间节点的控制,通过对典型案例的讲解,引导学生自己制定本阶段的详细工作计划进程安排表,告知提交的作业文件要求,关键时间节点上应达至的学习效果等。	作业文件 　1. 调研报告; 　2. 本阶段项目计划进程安排表; 　3. 本阶段活动讨论与审查会纪要。 考核办法 　1. 学生互评分; 　2. 教师根据讨论会及每位学生提供的技术资料及发言给出本阶段每位学生的评分。 时间安排 　实训开始后。

本阶段是实施阶段，是关键环节，需在形成的总体设计方案基础上，对选定的方案：

1. 通用元器件选型确定；

2. 元器件技术参数的计算和材料规格明细表落实；

3. 完成产品的原理图、印制电路板图等设计图纸及相关技术说明书；

4. 完成所需开发软件的详细流程设计；

5. 形成项目详细设计方案及技术报告。

学生在教师引导下，制订并细化本阶段的工作任务安排及进度节点的控制，发挥团队分工协作的作用，及时通过技术讨论会，在教师引导（指导）下按时间节点完成技术方案各项任务。

教师针对讨论审定的总体设计方案，通过对典型案例的讲解，引导学生自己制定本阶段的详细工作计划进程安排表，引导项目组围绕方案拟完成的技术工作进行分工，按每位学生的具体技术工作及完成工作任务的技术路线，告知提交的作业文件要求。并按时间进度安排，指导学生开技术讨论会，指导审定技术方案。

作业文件

1. 本阶段项目计划进程安排表；

2. 电路原理图、印制电路板图、设计说明书及详细的设备、材料规格明细表等；

3. 本阶段技术讨论与审查会纪要。

考核办法

1. 学生互评分；

2. 教师根据每位学生提供的方案给出每位学生的评分。

时间安排

实训过程中。

本阶段围绕详细设计阶段提供的技术设计原理图纸及技术资料，根据市场、学院具备的现实条件与环境，完成：

1. 符合生产要求的生产工艺图纸；

2. 软件开发编制大纲。

必要时根据条件及出现的可能情况，对技术方案进行必要的修改设计，完成图纸、工艺要求及最终产品的验收标准的生产设计技术报告。

学生在教师引导下针对已讨论审定的详细设计方案，并通过项目组技术讨论会，审定生产设计全套资料。

教师引导项目组拟定本阶段工作计划的安排及时间节点的控制，通过对典型案例的讲解，引导学生自己制定本阶段的详细工作计划进程安排表，指导学生按系统／功能／模块完成工艺、制作图纸及编制说明书，并参与项目组技术讨论会，审定资料。

作业文件

1. 本阶段项目计划进程安排表；

2. 项目产品生产设计技术报告；

3. 本阶段技术讨论与审查会纪要。

考核办法

1. 学生互评分；

2. 教师根据每位学生提供的技术资料及发言给出评分。

时间安排

实训过程中。

本阶段围绕已完成的项目进行工作总结，分析实训项目完成的得失与进一步改进的设想，项目技术资料建档形成标准归档文件。

学生在项目组长的组织下完成项目各部分及总体技术报告的撰写、讨论与定稿，准备答辩，并相互评分。

教师通过对典型案例的讲解，引导学生讨论并修改各部分及总体技术报告，审定技术报告后进行小组讨论答辩，考察每位学生掌握实训应培养的能力和知识的掌握程度，最终给出学生的结果性考核评分，结合各阶段过程性评分评定每个学生项目实训成绩。

作业文件

1. 项目技术总结报告；

2. 项目完整的归档技术资料；

3. 技术讨论及答辩会记录。

时间安排

实训最后1周内。

2. 教学方式与考核方法

（1）教学方式

针对一个学期中参与实训学生的不同阶段，要分析学生实际掌握电子技术的水平，对于学期初进入项目部、学期中途参与、期末阶段参与实训的学生，应在遵循项目课程实施要领与规范基础上，根据他们的特点因材施教，可让其中能力较强的学生参与教师的项目开发并培养其项目组织管理能力；对能力与学习水平处于中游的学生应指导其通过对已往开发完成的项目的学习，使其尽快掌握项目的工作过程及技术要点；对能力与学习水平较弱的学生应指导其补习完成本实训项目所欠缺的知识、技能与方法等，使其能尽快通过努力掌握项目的工作过程及技术要点，以便在项目实训教学正式进入计划安排后能顺利地按实施要领与规范进行，达到本实训项目教学的能力培养目标。

（2）考核方法

学生参加综合实训项目学习的成绩由形成性考核与终结性考核两部分相结合给出。

形成性考核：由实训指导教师对每一位学生每一阶段的实训情况进行过程考核。每一阶段根据学生上交的作业文件，依据本阶段项目验收考核要求，参照学生参与工作的热情、工作的态度、与人沟通、独立思考、勇于发言、综合分析问题和解决问题的能力、安全意识、卫生状态、出勤率等等方面情况综合评价学生每一阶段的学习成绩。

终结性考核：实训结束时，实训指导教师考查学生的实训项目学习最终完成的结果，根据作业文件提交的齐全与规范程度、完成产品性能是否达标与质量好坏、项目答辩思路、语言表达等给出终结性考核成绩。

综合评定成绩：根据形成性考核与终结考核两方面成绩，按规定的要求给出学生本项目实训综合评定成绩。

否定项：旷课一天以上、违反教学纪律三次以上且无改正、发生重大责任事故、严重违反校纪校规。

注：附表给出本课程形成性考核与终结性考核相结合的成绩评定办法。

《电子产品设计与制作综合实训》考核标准

项目内容	项目成绩评定标准				
	90—100	80—89	70—79	60—69	0—59
分组讨论	没有迟到、旷课记录。	没有迟到、旷课记录。	没有旷课记录。	没有旷课记录。	旷课1天以上。
	口头交流叙述流畅,观点清楚表达简单明白。	能比较流畅表达自己的观点。	基本表达自己观点。	只能表达部分观点。	言语含糊不清,思维混乱。
	独立学习、检索资料能力强,有详细记录,对实现方案有较强的认识。	检索资料能力比较强。	基本合理运用资料。	运用资料较差。	基本不会检索资料。
	承担小组的组织。	积极参与讨论,有建设性意见。	积极参与讨论,有自己的意见。	参与讨论。	不参与讨论。
方案设计	正确分析任务书项目指标要求,方案设计能满足设计要求。	正确分析任务书项目指标要求,方案设计基本能满足设计要求。	分析任务书项目指标要求,方案设计有1个指标不能满足设计要求。	分析任务书项目指标要求,方案设计有2个指标不能满足设计要求。	方案设计不能满足设计要求。
	主芯片选择除了性能满足设计要求之外,还考虑了成本、调试方便、采购方便等因素	主芯片性能满足要求,芯片不常用,采购不方便。	主芯片选择性能满足要求,但性能参数远远高于设计要求,成本较高。	主芯片选择性能满足要求,未考虑到冗余要求等其他因素,不能可靠工作。	主芯片性能不能满足设计要求。
电路图绘制与印制板设计	电路原理图正确、规范、美观、可读性强。元件制作正确。	电路原理图正确、规范、可读性强。元件制作正确。美观度欠缺。	电路原理图正确、规范、可读性不强,没有按照信号的流向进行绘制。	电路原理图正确、元器件符号不符合GB4728规范要求。	电路原理图不正确。
	印制板设计布局、布线满足工艺要求。	印制板设计布局、布线基本满足工艺要求。	印制板设计布局满足工艺设计要求,但布线不太合理。	印制板设计布局不合理。	印制板设计布局、布线均不能满足工艺要求。
	封装正确。	封装基本正确。	1个封装存在缺陷。	3个封装存在缺陷。	封装不正确。

（续表）

项目内容	项目成绩评定标准				
	90—100	80—89	70—79	60—69	0—59
电路板安装与调试	印制板安装正确，符合 IPC-A-610D 规范要求。	印制板安装正确，基本符合 IPC-A-610D 规范要求。	印制板安装正确，1 处不符合 IPC-A-610D 规范要求。	印制板安装正确，3 处不符合 IPC-A-610D 规范要求。	印制板安装不符合 IPC-A-610D 规范要求。
整理技术文件	能对整个设计项目作出全面合理的总结，分析存在问题，提出改进意见。	能对整个项目作出合理的总结。	项目总结基本符合要求。	项目总结分析不够全面，存在缺陷。	不能对项目作出总结。

评分细则

成绩计算表						
项目内容	小组讨论 10%	过程评价 20%	任务单成绩 20%	完成成果 50%	小结	比例
方案设计						20%
绘制原理图与印制板设计						30%
程序编制与调试						40%
整理技术文件						10%
总成绩						

3. 综合实训工作要求

（1）实训组织安排

实训以 3～5 个人一小组为单位进行，每组各推荐 1 名组长，每天任务的分配均由组长组织进行。关心每个小组的进展，注意工作过程，引导学生按工作环节和任务要求进行，督促学生完成作业文件，组织组内、组与组之间进行项目研讨，项目工作过程完成后，进行考核评比选出优秀班组，并进行产品（作品）评比，选出最佳产品（作品）展示。

（2）现场 5S 管理

① 每个学生小组安排轮值担任安全员，负责每天实训室的维修工具检查和关闭电源，以及工作场所中的安全问题。

② 每天学生离开工作场所必须打扫环境卫生，地面、桌面、抽屉里都要打扫干净并保持整

洁。工作时间不得吃东西,喝水必须到指定区域。

③ 设考勤员每天负责考勤,并报告考勤情况,在告知清楚的前提下无故迟到 3 次实训成绩最高只能给及格;旷课 1 次,实训无成绩。

4. 对老师的要求

培养学生系统、完整、具体地完成一个电子产品开发所需的综合职业能力,使学生具备信息收集处理、方案比较决策、制定行动计划、实施计划任务和自我检查评价的能力,并注意安排小组内分工合作工作,锻炼学生团队工作能力。

通过必要的组织形式集中、连续的教学活动,完成一项完整的产品设计并将其制作出来。学生在教师引导下主动参与自主学习,按企业管理要求,注意工作过程的综合能力锻炼,制订特有的考核评价要求。

在指导学生综合实训过程中,要认真负责,在关键问题上把好关、做好导向工作,要对学生放手锻炼,防止包办代替。要注意培养学生的综合职业能力,充分发挥他们的主动性、创造性;培养学生在整个工作过程中团队协作和勤业爱岗。

具体职责为:

① 根据学生的具体情况制定综合实训任务,指导学生针对项目的工艺要求和控制要求、查阅资料、了解产品或工具,使学生通过综合实训完成项目整个工作过程。

② 指导学生拟定计划,分析、构思、比较、选取设计方案,及时检查各组工作任务进展情况。

③ 适当辅导、解答学生所遇到的技术、工艺和质量管理等方面问题;指导学生自主完成整个工作过程。

④ 检查学生工作过程的作业文件和记录。

⑤ 组织学生对项目研讨,评选优秀班组和最佳产品或作品。

⑥ 组织学生做好项目答辩工作。

5. 对学生的要求

每个学生应通过本综合实训项目课程的学习,培养自己系统、完整、具体地完成一个简单电子产品开发所需的工作能力,通过信息收集处理、方案比较决策、制定行动计划、实施计划任务和自我检查评价的能力训练,以及团队工作的协作配合,锻炼学生自己今后职场应有的团队工作能力。每个学生经历综合实训项目完整工作过程的训练,将掌握完成电子产品实际项目应具备的核心能力和关键能力。具体要求如下:

① 充分了解本指导手册规定拟填写的项目各阶段的作业文件与作业记录。

② 充分了解自己的学习能力,针对拟完成项目的设计功能要求,查阅资料,了解相关产品或技术情况,主动参与团队各阶段的讨论,表达自己的观点和见解。

③ 在学习过程中,认真负责,在关键问题与环节上下工夫,充分发挥自己的主动性、创造性来解决技术上与工作中的问题,并培养自己在整个工作过程中的团队协作意识。

④ 认真填写从资讯、方案、计划、实施、检查到评估各阶段按规范要求完成的相关作业文

件与工作记录,并学会及时反省与总结。

五、验收标准

1. 项目产品验收标准

① 电路原理图和程序清单可靠。

② 满足设计要求的产品一套。

2. 作业文件验收标准

① 项目技术报告(可行性方案、元器件清单、电路原理图、装配图、技术说明、调试说明、程序清单、装配工艺过程卡等)。

② 完成此项目的主要体会(元器件的使用体会,电路板图的设计不足,不足的地方如何改进,程序调试的体会,今后自己努力的方向)。

第二部分 综合实训项目

项目 1 电子测温计的设计与制作

1.1 电子测温计的设计与制作教学任务书

1.1.1 综合实训项目任务

设计并制作一个电子测温计。

1.1.2 功能及相关技术参数要求

设计并制作一个电子测温计,其结构如图 1-1 所示。

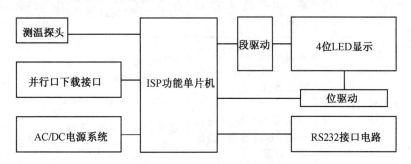

图 1-1 电子测温计结构图

功能完成基本要求:

(1) 及格:

6 位数字钟显示正常。

(2) 良好:

测温探头采用 1-Wire 方式的 DS18B20,指标要求如下:

测温范围:0℃~99℃

测温精度:0℃~85℃内为 0.5℃

显示方式:2 位 LED 显示

(3) 优秀:

测温范围为-10℃~125℃,4 位 LED 显示,含一位小数点及正负温度识别。

实现温度值在上位机 PC 上的显示。

1.1.3　其他技术要求

设计需考虑电路结构的简捷、布局合理、功能可以扩展等因素。

1.2　电子测温计的设计与制作学习指导

1.2.1　综合实训项目学习进程安排

步骤	项目内容	学生的任务	老师的任务	时间	场地
一、方案设计	电子测温计系统总体方案设计	分析项目的技术要求、技术参数和技术指标；完成任务书。	布置任务；电子测温计的基本原理和主要应用；测温探头参数；测温范围、测温精度的意义，显示方式选择。	2 天	机房
		确定初步方案，并进行方案评审，完成设计方案评审记录表。	提供查资料的途径，评审设计方案。	2 天	
二、计划	元器件选择	根据控制方案选择元器件；主要元器件资料。	提供查资料的途径；21IC.COM 网站等。	0.5 天	
		分析对比不同元器件的性价比；主要器件性能分析表。	提供测温探头芯片、下载线、MAX232 等资料。	0.5 天	
		根据各部分电路进行分析；分析过程；确定最终方案。	器件分析，确定最终方案。		
		元器件采购与检验，检验记录表；工作计划表，人员分工。	元器件采购检验要求；审核工作计划表。		
三、实施	绘制电子测温系统电路原理图	用 Protel 99SE 软件电路图。	Protel 99SE 软件应用，原理图绘制要求。	0.5 天	
		元器件和接插件明细表。	明细表的格式要求。	0.5 天	

（续表）

步骤	项目内容	学生的任务	老师的任务	时间	场地
三、实施	绘制电子测温系统印制电路板图	用 Protel 99SE 软件绘制印制电路板图。	印制板尺寸要求,特殊元器件及接插件的封装制作、布线要求、焊盘要求。	2 天	流水线
		印制电路板文件输出,顶层、丝印层、底层、打孔图。			
	制作电子测温系统印制电路板图	根据印制电路板图制作电子测温系统印制电路板。	印制板制版工艺流程、设备使用、环保要求、安全要求。	1 天	
	安装电子测温系统印制电路板	根据工艺要求安装电子测温系统印制板。	IPC 安装标准要求。	0.5 天	
	绘制流程图,上机调试电子测温系统程序	显示部分软件调试;Keil C 及下载软件的使用;先能够实现 0～9 数字的显示。		1	机房
		再能够实现秒表功能。	提供流程绘制指导。	2 天	
		最后测温探头功能程序调试,使之满足设计要求。	评审调试过程,审查程序清单注释。	4 天	
		程序优化,完整功能实现。	通电测试试运行。	6 天	
	整理技术资料	整理打印相关的技术图纸;原理图、装配图、材料明细表、流程图、带注释的程序清单、装配工艺文件。	提供编写设计文件模版及编写要求。	0.5 天	
		编制电子测温系统的使用说明书。			
四、检查	项目验收	由指导教师和学生代表组成项目验收小组;对照电子测温系统的技术要求,通电测试正常运行。	组织项目验收	0.5 天	流水线
		改变测量点的温度,记录每次的测试结果。提供项目验收报告。			
五、评估	总结报告	总结项目训练过程的经验和体会。撰写设计论文。	设计总结报告的规范要求。	0.5 天	多媒体教室
		答辩。	组织学生答辩。		

1.2.2　学生工作过程应完成的记录表

学习工作单 1

记录编号No

学习领域:电子产品设计与制作 综合实训	学习情境:电子测温计的设计与 制作	任务单元:明确任务、查阅资料

姓名＿＿＿＿＿＿班级＿＿＿＿＿＿学号＿＿＿＿＿＿＿日期＿＿＿＿＿＿

组员姓名＿＿＿＿＿＿＿＿＿＿＿＿＿＿＿＿

◇ 根据电子测温计的设计任务书,确定设计方案。

◇ 根据设计要求,小组讨论,分析存在的设计难点,寻找解决问题的方法。

参考文献

学习过程中的主要问题及解决措施

学习工作单 2　　　　　　　　　　　记录编号№

学习领域:电子产品设计与制作综合实训	学习情境:电子测温计的设计与制作	任务单元:绘制电路图

姓名_____ 班级_____ 学号_____ 日期_____

组员姓名_____

◇ 原理图绘制的一般原则。

◇ 绘制设计原理图。

◇ 如何加载原理图模版? 写出电路图中主要元器件的名称。

元器件标号	元件库	元件名称

查阅资料统计

学习过程中的主要问题及解决措施

学习工作单 3　　　　　　　　　　　　　　　　　记录编号No

学习领域:电子产品设计与制作综合实训	学习情境:电子测温计的设计与制作	任务单元:绘制印制电路板

姓名＿＿＿＿＿＿班级＿＿＿＿＿＿学号＿＿＿＿＿＿日期＿＿＿＿＿＿

组员姓名＿＿＿＿＿＿＿＿＿＿＿＿＿＿＿＿＿＿

◇ 印制电路板绘制的设计流程及注意事项。

◇ 写出元件封装及封装所在的封装库名称及完成相应封装的制作。

元器件标号	元件库	元件名称	封装库	封装名称

查阅资料统计

学习过程中的主要问题及解决措施

学习工作单 4　　　　　　　　　　　　　记录编号№

学习领域:电子产品设计与制作综合实训	学习情境:电子测温计的设计与制作	任务单元:温度显示的实现

姓名_____班级_____学号_____日期_____

组员姓名_____

◇ 实现 0~9 的显示。
◇ 实现秒表的功能。
◇ 温度值显示。

查阅资料统计

学习过程中的主要问题及解决措施

学习工作单 5　　　　　　　　　　　　　　　　　　　　记录编号№

学习领域：电子产品设计与制作综合实训	学习情境：电子测温计的设计与制作	任务单元：调试

姓名＿＿＿＿＿＿　班级＿＿＿＿＿＿　学号＿＿＿＿＿＿＿＿　日期＿＿＿＿＿＿

组员姓名＿＿＿＿＿＿＿＿＿＿＿＿＿＿＿＿＿＿＿

◇ 写出产品的调试步骤。

◇ 给出调试完成后产品的检验检测的要求。

◇ 调试中遇到的问题及解决方法。

查阅资料统计

学习过程中的主要问题及解决措施

元件清单表

单位	份数	序号	幅面	代号	名称	装　入		总数量	备注	更改
						代号	数量			
		1								
		2								
		3								
		4								
		5								
		6								
		7								
		8								
		9								
		10								
		11								
		12								
		13								
		14								
		15								
		16								
		17								
		18								
		19								
		20								
		21								
		22								
		23								
		24								
		25								
		26								
		27								
		28								
		29								
		30								

图号										
						拟　制				
日期	签名					审　核		电子测温计		
		更改	数量	更改单号	签　名	日期		第　1　页		

格式(5a)　　　　　　　　　　描图　　　　　　　　　　幅面

一周学习总结表

系部名称：　　　　　　　　　　　　　编号：

姓名		学号		班级		
时间:从_____到_____			第___学年第_____学期第___周			

星期	学习内容	备注
星期一		
星期二		
星期三		
星期四		
星期五		

本周学生学习自我评估：

　　　　　　　　　　　　　　学生签名：　　　　　时间：

1.3　电子测温计的设计与制作技术报告

1.3.1　方案认证与电路设计

总体实施思路：设计并制作一个电子测温系统，确定大体实施方案；根据方案用 protel 画出大体电路图，以便查阅相关器件；根据所做任务查阅相关器件资料；综合资料，尽量写出详细的程序；有条件的情况下，用器件调试程序；整理，上交任务。

本实训项目通过电子测温计系统总体方案设计、选择具有 ISP 下载方式的 AT89S51、绘制电子测温计电路原理图、绘制电子测温计印制电路板图、制作电子测温计印制电路板图、安装并焊接电子测温计印制电路板、绘制流程图、上机调试电子测温计程序等环节设计并制作一个电子测温仪，使之能够测量－10℃～＋125℃的温度，并且用数码管显示出来。其整体结构如图 1-2 所示，下面就框图的每一部分作出分析。

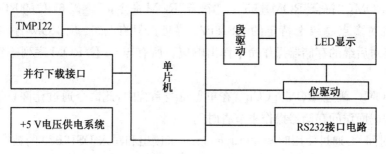

图 1-2　结构框图

（1）供电系统

因为本系统是采用＋5 V 供电，所以从各方面考虑，决定使用性价比较高的三端稳压器7805 作为稳压芯片，相关电路如图 1-3 所示。

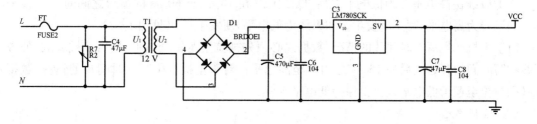

图 1-3　直流稳压电源原理图

查电子手册得知，7805 的输入电压是 7～30 V，本电路采用 12 V 电压输入，即交流电经变压、整流、滤波（滤波电容 $C_5 = 470\ \mu F$）变成 12 V 电压，则有$(U_2/2) \times 0.9 = 12\ V$，即 $U_2 = 12\ V/0.9 = 13.3\ V$。于是 $U_1 : U_2 = 220 : 13.3 = 16 : 1$（变压比）；本电路二极管所承受的最大反向电压为 $U_{rm} = U_2/1.414 = 19\ V$，即可选用反向击穿电压为 $U_{br} > 38\ V$ 的二极管 1N4007。

图 1-3 中：C_6 主要是输入电压的纹波；C_8 用来消除电路中可能存在的高频噪声，即改善负载的瞬时响应。

（2）基于 18B20 的测温单元

DS18B20 数字温度计提供 9 至 12 位（可设置）温度读数，指示器件的温度。

从中央处理器到 DS18B20 仅需连接一条线（另加上地线）。读、写和完成温度变换所需的电源可以由数据线本身提供，而不需要外部电源。

经过单线接口访问 DS18B20 的协议如下：初始化，ROM 操作命令，存储器操作命令，处理/数据。

单线总线上的所有处理均从初始化序列开始。初始化序列包括总线主机发出一个复位脉冲，接着由从属器件送出存在脉冲。存在脉冲让总线主机知道总线上有 DS18B20 且已准备好。

ROM 操作命令：一旦总线主机检测到从属器件的存在，它便可以发出器件 ROM 操作命令之一。所有 ROM 操作命令均为 8 位长。这些命令如下：

● Read ROM（读 ROM）[33 h]：此命令允许总线主机读 DS18B20 的 8 位产品系列编码，唯一的 48 位序列号，以及 8 位的 CRC。

● Match ROM（"符合"ROM）[55 h]；"符合"ROM 命令，后继以 64 位的 ROM 数据序列，允许总线主机对多点总线上特定的 DS18B20 寻址。只有与 64 位 ROM 序列严格相符的 DS18B20 才能对后继的存储器操作命令作出响应。所有与 64 位 ROM 序列不符的从片将等待复位脉冲。

● Skip ROM（"跳过"ROM）[CCh]：在单点总线系统中，此命令通过允许总线主机不提供 64 位 ROM 编码而访问存储器操作来节省时间。

● 读/写时间片：通过使用时间片（time slots）来读出和写入 DS18B20 的数据，时间片用于处理数据位和指定进行何种操作的命令字。

● 写时间片（Write Time Slots）：当主机把数据线从高逻辑电平拉至低逻辑电平时，产生写时间片。有两种类型的写时间片：写 1 时间片和写 0 时间片。所有时间片必须有最短为 60 μs 的持续期，在各写周期之间必须有最短为 1 μs 的恢复时间。

在 I/O 线由高电平变为低电平之后，DS18B20 在 15 μs 至 60 μs 的窗口之间对 I/O 线采样。如果线为高电平，写 1 就发生。如果线为低电平，便发生写 0（见图 1-4）。

对于主机产生写 1 时间片的情况，数据线必须先被拉至逻辑低电平，然后就被释放，使数据线在写时间片开始之后的 15 μs 之内拉至高电平。对于主机产生写 0 时间片的情况，数据线必须被拉至逻辑低电平且至少保持低电平 60 μs。

（3）控制单元

根据 AT89S51 单片机体积小、重量轻、抗干扰能力强、对环境要求不高、价格低廉、可靠性高、灵活性好等优点，本设计以 AT89S51 作为控制核心，组成本电路的控制单元模块。图 1-5 为 AT89S51 单片机最小系统。P1.5，P1.6，P1.7 作为 ISP 下载口；P1.0，P1.1，P1.2 作为 SPI 总线连接口；P0.0，P2.0 作为显示信号输入/输出端口。

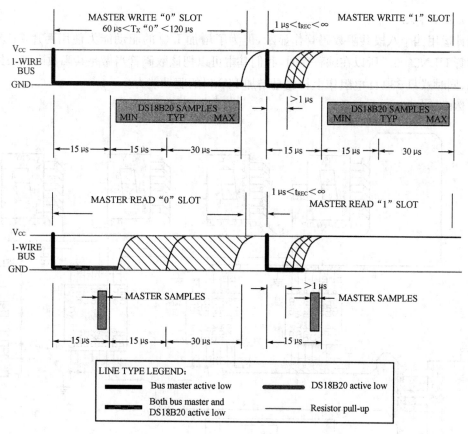

图 1－4 读/写时序

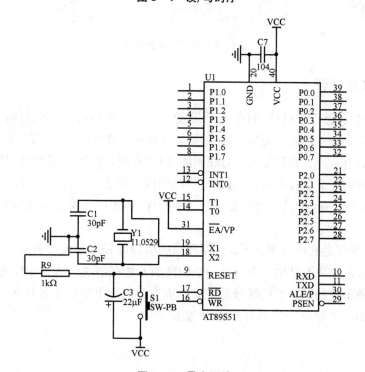

图 1－5 最小系统

（4）显示单元

设计运用四个八段共阴数码管作显示，但为了增加 I/O 的驱动能力使用两片 74LS06 和达林顿管 ULN2003。所以在编程序时，我们基本可以把该数码管当做是共阳数码管来给其显示代码，同时八只 330 Ω 电阻作上拉也是增加 I/O 口的驱动能力。

具体电路如图 1-6 所示。

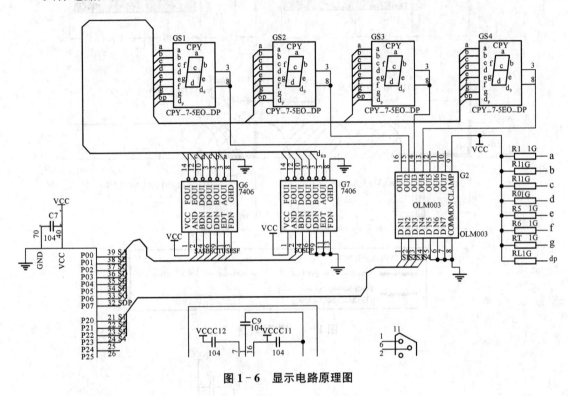

图 1-6 显示电路原理图

1.3.2 PCB 设计

这次实训我们自己动手设计，制作了 PCB 板。在设计的过程中我们遇到了一些问题，例如 SCH 库中并不是每一个电子元器件都有的，因此在画原理图时，我们首先要用编辑元器件，然后再画原理图；有些地方我们使用了总线画图，但没有把对应连接引脚间用网络标号标注，所以在 ERC 检查时怎么也过不去，每每都是一堆错误和警告；设计 PCB 时，PCB 元器件封装库中有许多封装都没有，我们一边看书一边动手操作，还使用了游标卡尺等测量元件的引脚间距。

在这次实训中还遇到的问题是元器件原理图的引脚标号与封装引脚标号不一致，在加载网络表时出错，我们用更改其中一个与另一个相同的方法来解决。这其中较为典型的就是二极管了，在原理图中它的两个引脚标号是 1 和 2，而在封装库中标号是 S 和 K。尽管遇到很多困难，但是还是做出了如图 1-7 所示的 PCB 版图。

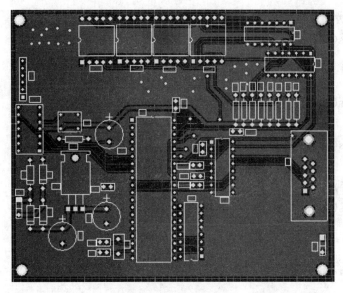

图1-7　PCB版图

1.3.3　程序调试

（1）主程序及显示中断子程序流程图

图1-8是主程序流程图，对于18B20的温度读取，直接进入温度的读状态。为了不影响温度转换的时序，在TMP122读取温度的过程中一定要关断中断，转换完成后再打开。图1-9是显示中断子程序流程图，我们利用定时/计数器T0的定时功能，每2ms进一次中断，然后进行显示。

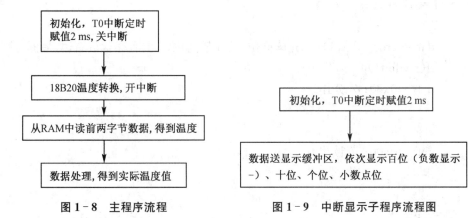

图1-8　主程序流程　　　　　　　　图1-9　中断显示子程序流程图

（2）部分程序清单

```
//初始化
bit init_ds18b20(void)
{
bit bresult=0;
```

```
    EA=0；
    dq=1；//
    Delay5us(8)；

    dq=0；
    Delay5us(90)；// 延时＞480us
    dq=1；
    Delay5us(6)；//等待 15－60us

    bresult=dq；//
    Delay5us(20)；

    EA=1；
    return bresult；// 如果存在器件为 0,否则 1
}//


//读一个字节
unsigned char readonechar(void)
{
    unsigned char i=0；
    unsigned char dat=0；
    EA=0；

    for(i=8；i>0；i—)
    {
        dat=_cror_(dat,1)；//先读低位,放在最高位,8 次后移至最右边(最低位)
        if(readbit())
        dat|=0x80；//读出 1

        else
        dat|=0x00；//读出 0

    }
    EA=1；
    return dat；
}//


//中断显示,每次只显示一位,若同时依次显示 3 位会出现几位亮度不一样的情况
void t0() interrupt 1 using 0//C/T0 中断方式 1,用 0 组寄存器
```

```
{
    TH0＝0xf8；
    TL0＝0x30；
    ledbitpos＋＋；//依次得到1,2,3,4,5—＞0


switch(ledbitpos)
    {
        case 1：
        P0＝tab[tempdot]；//得到一位小数点
        fuhaowei＝0；
        shiwei＝0；
        gewei＝0；
        dot＝1；
        break；


        case 2：
        P0＝0x7f & tab[t%10]；//得到个位,加上小数点(0x7f 共阳)
        fuhaowei＝0；
        shiwei＝0；
        gewei＝1；
        dot＝0；
        break；


        case 3：
        P0＝tab[t%100/10]；//得到十位,t%100/10 按照结合性,先%后/,结果是一个
数,在数组 tab[]范围内
        fuhaowei＝0；
        shiwei＝1；
        gewei＝0；
        dot＝0；
        break；


        case 4：
            if(fuhao_flag＝＝0)//是正数
            {
            P0＝tab[t/100]；//得到百位,t/100 是一个数,在数组 tab[]范围内
            fuhaowei＝1；
            shiwei＝0；
```

```
            gewei＝0;
            dot＝0;
            }
        else ∥是负数
            {
            P0＝tab[11];∥得到—,在数组 tab[]范围内
            fuhaowei＝1;
            shiwei＝0;
            gewei＝0;
            dot＝0;
            }
        break;

        default:
        ledbitpos＝0;
        break;
    }
} ∥
```

1.3.4　系统调试与分析

调试工具:稳压源,温度器,加热器,PC 机,AT89S51 下载线,Keil C,Atmel 下载软件。

调试步骤:

① 把编译好的程序下载到单片机中。

② 拔下数据线,测温并记录数据(数据如表 1-4 所示)。

③ 用加热器加热,再测温并记录数据。

测试环境:一杯 95℃的开水,在室温为 29℃室内自然冷却,用分辨率为 1℃的温度计和作品温度器同时测量水的温度,每隔 10 分钟读一次温度值,数据如表 1-4 所示。

表 1-4　温度对比表

	1	2	3	4	5	6	7	8	9
温度计测试值	95℃	73℃	57℃	49℃	42℃	39℃	37℃	35℃	34℃
作品实测值	95℃	72.5℃	57.5℃	48℃	42.5℃	39℃	36.5℃	35℃	34℃
	10	11	12	13	14	15	16	17	18
温度计测试值	33℃	31℃	30℃	30℃	29℃	29℃	29℃	29℃	29℃
作品实测值	33.5℃	31.5℃	30.5℃	30℃	29.5℃	29.5℃	29℃	29℃	29℃

经过三个小时的测试,由上表数据可知,温度下降幅度基本符合温度曲线,与温度计所测值比较,我们的作品能够完成精确测温,如图 1-10 所示。

图 1-10　实物图

1.3.5　结　论

五周来关于 18B20 温度测量系统设计的实训已接近尾声，我组也在老师的悉心指导下基本上完成了从设计、焊接到程序的调试等一系列任务。18B20 的时序操作比较严格，我们在设计和编写程序过程中都遇到了一些困难，但都在老师的帮助和我们组员的共同努力下迎刃而解。

实训第一阶段的主要任务是用 Protel 99SE 软件设计电路图和 PCB，这要求我们熟悉并掌握 Protel 99SE 的使用。但由于以前没有使用过 Protel 99SE，更没有做过板子，所以在这次实训过程中，我们基本是一边看书一边操作。从最基本的元件的放置到整个电路原理图的设计，再到 PCB 板的设计，这一路上我们遇到了很多困难，但在老师的悉心辅导以及我们全体组员的不懈努力下，我们还是一路走过来了。此阶段中元器件的选用以及生成 PCB 后元件的排版也一度成为最大难题。为使电路的电气性能达到最优，我组选用了 AT89S51 单片机作为主控芯片，用 74LS06 和 ULN2003 作四个数码管的驱动电路。因系统采用+5V 供电，所以我们采用性价比较高的三端稳压芯片 LM7805 构造供电系统电路。原理电路完成及生成 PCB 以后，我们对其元件进行了合理的排列。整个电路的设计之路有点坎坷，但我们对各种硬件的性能有了进一步的了解并且对软件操作也更加的熟悉。

第二阶段的焊接电路对我们来说相对比较简单，只要能正确使用电烙铁，并且加上大一时实训的基础，元件的焊接完成就会相当顺利。但是由于 TMP122 芯片非常小，导致其六个引脚相当难焊，极易使其短路。为避免资源浪费我们采用了老师已经焊接好的芯片。焊接对我们来说是一个最基本的技能，通过这次实训我们更加认识到它在我们工作中的重要性。

此次实训最艰难的地方就在于第三阶段的程序设计和调试，虽然 18B20 的程序设计可借鉴资料多，但是时序非常严格，所以在程序的设计过程中我们遇到了很多的困难，也花费了我们很长的时间，在此期间我们通过一次次的调试，使程序慢慢地得到了完善。而在调试过程中，由于单片机的最高承受电压在 5.5V 以内，所以必须注意的一点是电路板接电源时的电压值，过高会烧坏单片机。和我们在课堂学的不一样，这次我们用下载线和 ATMEL 软件实现程序的传送。我们在自学以后成功地掌握了它们的操作方法。这一阶段的实训让我发现我们

C 语言基础的薄弱,造成我们在编写程序的时候经常出错,但同时也是我们这五周学到最多的一个阶段,不但了解了很多课外知识,许多课堂上的东西也强化了!

　　虽然这次的实训时间并不是很长,但它依然使我们得到了许多在课堂上学不到的东西!由于这一次我们是以小组的形式完成任务的,所以此次的实训不但加强了我们各方面的操作技能,拓宽了我们的知识面,还让我们组员学会了怎样和工作伙伴更好地沟通和合作,这些对我们以后走上工作岗位将会有很大的帮助。作为当代大学生,我们应该多参加此类的训练,锻炼各方面的技能。

1.3.6　项目用元器件清单

表 1 - 5　元器件清单

序号	名称	代　号	规格/型号	数量	备注
1	电阻	R1,R5,R6,R7,R8 R9,R10,R11,R12	330 kΩ±2%	9	AXIAL0.4
2	电阻	R4	1 kΩ±2%	1	AXIAL0.4
3	电阻	R3	10 kΩ±2%	1	AXIAL0.4
4	电阻	R2	4.7 kΩ±2%	1	AXIAL0.4
5	电容	C8、C9	30pF	2	RAD0.1
6	电容	C2,C3,C4,C5,C6,C7	0.1 μF	6	RAD0.1
7	电解电容	C1	22 μF/16 V/±20%	1	RB.2/.4
8	电解电容	C11	47 μF/16 V/±20%	1	RB.2/.4
9	电解电容	C10	470 μF/25 V/±20%	1	RB.2/.4
10	晶振	Y1	11.0592 MHz	1	RAD0.2
11	数码管	外接	八段共阴	4	
12	探测头	外接	TMP122	1	
13	集成块	U1	AT89S51	1	DIP40
14	集成块	U2、U3	74LS06	2	DIP14
15	集成块	U6	ULN2003	1	DIP16
16	集成块	U5	LM7805	1	TO-220
17	接插件	J1	CON2	2	SIP2
18	接插件	JP1	HEADER 5×2	1	十针下载接口
19	按键	S1	6×6 小按键	1	
20	其他		3×8 螺丝及螺母		

1.4　相关知识附录

概述

特性

- 独特的单线接口,只需 1 个接口引脚即可通信。
- 多点并接能力使分布式温度检测的应用得以简化。
- 可用数据线供电,若外加电源,范围 3 V～5.5 V。
- 测量范围从－55℃～＋125℃,对应的华氏温度范围是－67 ℉～257 ℉。
- 在－10℃～＋85℃内的准确度为±0.5℃。
- 可编程设定 9 至 12 位的温度分辨率。
- 在 750 ms(最大值)内把温度变换为 12 位数字值。

引脚排列

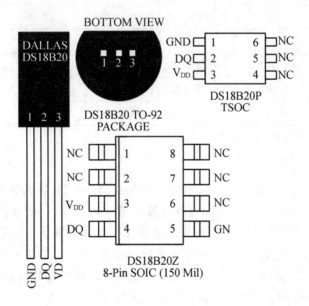

详细说明

运用——测量温度

　　DS18B20 的核心功能是其直接数字温度传感器。DS18B20 的分辨率是可设置的(9,10,11 或 12 位),缺省状态是 12 位。对应的温度分辨率是 0.5℃,0.25℃,0.125℃或0.0625℃。在发出转换(Convert)T[44h]命令后,执行一次温度转换,温度数据以 16 位符号扩展的二进制补码格式存储在便笺式存储器中。温度转换完成后,在单总线上发出读便笺[BEh]命令可取回温度信息。数据在单总线上传输时,先传输最低位。温度寄存器的最高位包含"符号"位,表示温度是正或负。

表 1-6　温度/数据关系

2^3	2^2	2^1	2^0	2^{-1}	2^{-2}	2^{-3}	2^{-4}	LSB

| MSb | | | (unit=℃) | | | LSb | | |

S	S	S	S	S	2^6	2^5	2^4	MSB

温　度	数字输出 (二进制)	数字输出 (Hex)
+125℃	0000 0111 1101 0000	07D0h
+85℃	0000 0101 0101 0000	0550h*
+25.0625℃	0000 0001 1001 0001	0191h
+10.125℃	0000 0000 1010 0010	00A2h
+0.5℃	0000 0000 0000 1000	0008h
0℃	0000 0000 0000 0000	0000h
-0.5℃	1111 1111 1111 1000	FFF8h
-10.125℃	1111 1111 0101 1110	FF5Eh
-25.0625℃	1111 1110 0110 1111	FF6Fh
-55℃	1111 1100 1001 0000	FC90h

＊上电复位后寄存器的值是+85℃。

运用——告警信号

在 DS18B20 完成温度变换之后,温度值与存储在 TH 和 TL 内的触发值相比较。因为这些寄存器仅仅是 8 位,所以 9~12 位在比较时被忽略。TH 或 TL 的最高有效位直接对应于 16 位温度寄存器的符号位。如果温度测量的结果高于 TH 或低于 TL,那么器件内告警标志将置位。每次温度测量更新此标志。只要告警标志置位,DS18B20 将对告警搜索命令作出响应。这允许并联连接许多 DS18B20,同时进行温度测量。如果某处温度超过极限,那么可以识别出正在告警的器件并立即将其读出而不必读出非告警的器件。

存储器

DS18B20 的存储器如图 1-11 所示那样被组织。存储器由一个高速暂存(便笺式)RAM 和一个非易失性,电可擦除(E2)RAM 组成,后者存贮高温度、低温度和触发器 TH、TL。暂存存储器有助于在单线通信时确保数据的完整性。数据首先写入暂存存储器,在那里它可以被读回。当数据被校验之后,复制暂存存储器的命令把数据传送到非易失性(E2)RAM。这一过程确保了更改存储器时数据的完整性。

暂存存储器组织成 8 字节存储器。头两个字节包含测得温度信息。第 3 和第 4 个字节是 TH 和 TL 的易失性拷贝,在每一次上电复位时被刷新。第 5 字节是配置寄存器的易失性拷

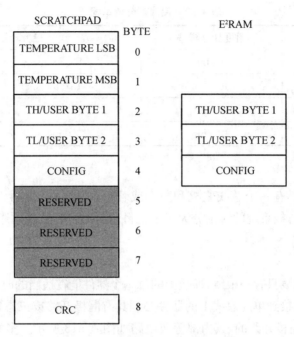

图 1 - 11　DS18B20 存储器映象图

贝,在每一次上电复位时被刷新。配置寄存器将在后面详细解释。第 6,7,8 字节用于内部计算,因而读出时不确定。

　　写 TH 和 TL,配置寄存器必须形成一个连续的序列,也就是说如果在写 TH 和 TL 后跟着复位,则写无效。如果要写 TH,TL,配置寄存器中的一部分,则必须在复位之前写全这三个字节。还有第九个字节,它可用 Read Scratchpad(读暂存存储器)命令读出。该字节包含一个循环冗余校验(CRC)字节,它是前面所有 8 个字节的 CRC 值。此 CRC 值以"CRC 产生"一节中所述的方式产生。

配置寄存器

　　暂存存储器的第五个字节是配置寄存器。它包含设备(DS18B20)用来确定温度——数字转换的分辨率的信息。该字节位的结构如图 1 - 12 所示。

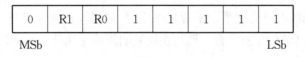

图 1 - 12　DS18B20 配置寄存器

　　位 0~4:写时无用,读时总是'1'。

　　位 7:写时无用,读时总是'0'。

　　R0,R1:温度分辨率控制位。表 1 - 7 定义了基于这两位设置的数字温度计的分辨率。分辨率与转换时间之间的权衡,在器件的交流电气参数部分描述。这两位的工厂缺省设置是 R0=1,R1=1(12 位分辨率)。

表 1-7　温度计分辨率配置

R1	R0	温度计分辨率	最大转换时间	
0	0	9 - bit	93.75 ms	$(t_{conv}/8)$
0	1	10 - bit	187.5 ms	$(t_{conv}/4)$
1	0	11 - bit	375 ms	$(t_{conv}/2)$
1	1	12 - bit	750 ms	$(t_{conv}/4)$

单线总线系统

单线总线是一种具有一个总线主机和一个或若干个从机(从属器件)的系统。DS18B20起从机的作用。这种总线系统的讨论分为三个题目:硬件接法,处理顺序以及单线信号(信号类型与定时)。

(1) 硬件接法

根据定义,单线总线只有一根线,即线上的每一个器件能在适当的时间驱动该总线。为了做到这一点,每一个连接到单线总线上的器件必须具有漏极开路或三态输出。DS18B20的单线接口(I/O引脚)是漏极开路的,其内部等效电路如图 1-13 所示。多站(multidrop)总线由单线总线和多个与之相连的从属器件组成。单线总线要求近似等于 5 kΩ 的上拉电阻。

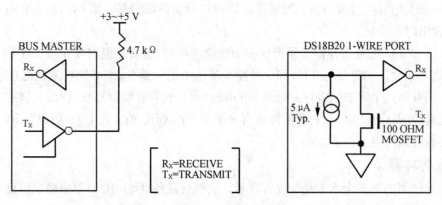

图 1-13　硬件接法

单线总线的空闲状态是高电平。不管任何原因,如果操作需要被挂起,那么,若要继续执行该操作,总线必须保持在空闲状态。只要在恢复期间单总线处于非活动(高)状态,则位的恢复时间是不确定的。如果不满足这一点且总线保持在低电平时间大于 480 us,那么总线上所有器件均被复位。

(2) 处理顺序

经过单线接口访问 DS18B20 的协议如下:

● 初始化

● ROM 操作命令

● 存储器操作命令

● 处理/数据

① 初始化

单线总线上的所有处理均从初始化序列开始。初始化序列包括总线主机发出一复位脉冲,接着由从属器件送出存在脉冲。

存在脉冲让总线主机知道总线上有 DS18B20 且已准备好。细节请见"单线信号"部分。

② ROM 操作命令

一旦总线主机检测到从属器件的存在,它便可以发出器件 ROM 操作命令之一。所有 ROM 操作命令均为 8 位长。这些命令列表如下(参见图 5 的流程图):

● Read ROM(读 ROM)[33h]

此命令允许总线主机读 DS18B20 的 8 位产品系列编码,唯一的 48 位序列号,以及 8 位的 CRC。

此命令只能在总线上仅有一个 DS18B20 的情况下可以使用。如果总线上存在多于一个的从属器件,那么当所有从片企图同时发送时将发生数据冲突的现象(漏极开路会产生"线与"的结果)。

● Match ROM("符合"ROM)[55h]

"符合"ROM 命令,后继以 64 位的 ROM 数据序列,允许总线主机对多点总线上特定的 DS18B20 寻址。只有与 64 位 ROM 序列严格相符的 DS18B20 才能对后继的存储器操作命令作出响应,所有与 64 位 ROM 序列不符的从片将等待复位脉冲。此命令在总线上有单个或多个器件的情况下均可使用。

● Skip ROM("跳过"ROM)[CCh]

在单点总线系统中,此命令通过允许总线主机不提供 64 位 ROM 编码而访问存储器操作来节省时间。如果在总线上存在多于一个的从属器件而且在 Skip ROM 命令之后发出读命令,那么由于多个从片同时发送数据,会在总线上发生数据冲突(漏极开路下拉会产生"线与"的效果)。

● Search ROM(搜索 ROM)[F0h]

当系统开始工作时,总线主机可能不知道单线总线上的器件个数或者不知道其 64 位 ROM 编码。搜索 ROM 命令允许总线主机使用一种"消去"(elimination)处理来识别总线上所有从片的 64 位 ROM 编码。

● Alarm Search(告警搜索)[ECh]

此命令的流程与搜索 ROM 命令相同。但是,仅在最近一次温度测量出现告警的情况下,DS18B20 才对此命令作出响应。告警的条件定义为温度高于 TH 或低于 TL。只要 DS18B20 一上电,告警条件就保持在设置状态,直到另一次温度测量显示出非告警值。储存在 EEPROM 内的触发器值用于告警。如果在告警存在时改变 TH 或 TL 的设置,必须进行一次温度转换来验证任何告警条件。

(3) I/O 信号

DS18B20 要求严格的协议来确保数据的完整性。协议由几种单线上信号类型组成:复位脉冲,存在脉冲,写 0,写 1,读 0 和读 1。所有这些信号,除了存在脉冲之外,均由总线主机发起。

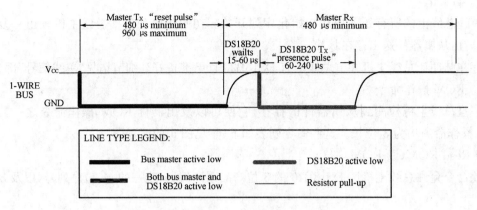

图 1 - 14　初始化过程"复位和存在脉冲"

开始与 DS18B20 的任何通信所需的初始化序列如图 1 - 14 所示,后继以存在脉冲的复位脉冲表示 DS18B20 已经准备好发送或接收给出正确的 ROM 命令和存储器操作命令的数据。总线主机发送(Tx)一复位脉冲(最短为 480 μs 的低电平信号)。接着总线主机便释放此线并进入接收方式(Rx)。单线总线经过 5 kΩ 的上拉电阻被拉至高电平状态。在检测到 I/O 引脚上的上升沿之后,DS18B20 等待 15 μs~60 μs 并且接着发送存在脉冲(60 μs~240 μs 的低电平信号)。

① 存储器操作命令

表 18　给出下述命令约定的摘要。

● 写暂存存储器(Write Scratchpad)[4Eh]

此命令写暂存存储器,开始于 TH 寄存器。后面的三字节写入暂存存储器地址 2,3,4。在主机发出复位命令前必须写所有 3 字节。

● 读暂存存储器(Read Scratchpad)[BEh]

此命令读暂存存储器的内容。读开始于字节 0,并继续经过暂存存储器,直至第 9 个字节(字节 8,CRC)被读出为止。如果不想读所有位置,那么主机可以在任何时候发出一复位以中止读操作。

表 1 - 8　DS18B20 命令集

指　令	说　明	约定代码	发出约定代码后单总线的操作	注
温度变换命令				
温度变换	启动温度变换	44h	读温度"忙"状	1
存储器命令				
读暂存存储器	从暂存存储器读字节和读 CRC 字节	BEh	读 9 字节数据	

（续表）

指　令	说　明	约定代码	发出约定代码后 单总线的操作	注
写暂存存储	写字节至暂存存储器地址 2 至 4 处（TH 和 TL 温度触发器以及配置）	4Eh	写数据至地址 2 至 4 的 3 个字节	3
复制暂存存储	把暂存存储器复制入非易性存储器（仅地址 2,3,4）	48h	读复制状态	2
重新调出 E2	把储存在非易失性存储器内的数值重新调入暂存存储器（温度触发器）	B8h	读温度"忙"状态	
读电	发 DS18B20 电源方式的信号至主机	B4h	读电源状态	

注：1. 温度变换需要 750 ms。在接收到温度变换命令之后，如果器件未从 VDD 引脚取得电源，那么 DS18B20 的 I/O 引线必须至少保持 t_{conv} 时长的高电平以提供变换过程所需的电源。这样，在温度变换命令发出之后，至少在此期间内单线总线上不允许发生任何其他的动作。

● 复制暂存存储器（Copy Scratchpad）[48h]

此命令把暂存存储器复制入 DS18B20 的 E2 存储器，把温度触发器字节存储入非易失性存储器。如果总线主机在此命令之后发出读时间片，那么只要 DS18B20 正忙于把暂存存储器复制入 E2，它就会在总线上输出"0"；当复制过程完成之后，它将返回"1"。如果由寄生电源供电，总线主机在发出此命令之后必须能立即强制上拉至少 10 ms。

● 温度变换（Convert T）[44h]

此命令开始温度变换。不需要另外的数据。温度变换将被执行，DS18B20 便保持在空闲状态。如果总线主机在此命令之后发出读时间片，那么只要 DS18B20 正忙于进行温度变换，它将在总线上输出"0"；当温度变换完成时，它便返回"1"。如果由寄生电源供电，那么总线主机在发出此命令之后必须立即强制上拉至少 10 ms。

● 重新调出 E2（Recall E2）[B8h]

此命令把储存在 E2 中温度触发器的值和配置寄存器重新调至暂存存储器，这种重新调出的操作在对 DS18B20 上电时也自动发生，因此只要器件一接电，暂存存储器内就有有效的数据可供使用。在此命令发出之后，对于此命令后所发出的每一个读数据时间片，器件都将输出其温度转换忙的标志："0"＝忙，"1"＝准备就绪。

● 读电源（Read Power Supply）[B4h]

对于在此命令送至 DS18B20 之后所发出的每一读出数据的时间片，器件都会给出其电源方式的信号："0"＝寄生电源供电，"1"＝外部电源供电。

② 读/写时间片

通过使用时间片（time slots）来读出和写入 DS18B20 的数据，时间片用于处理数据位和指定进行何种操作的命令字。

● 写时间片(Write Time Slots)

当主机把数据线从高逻辑电平拉至低逻辑电平时,产生写时间片。有两种类型的写时间片:写1时间片和写0时间片。所有时间片必须有最短为 $60~\mu s$ 的持续期,在各写周期之间必须有最短为 $1~\mu s$ 的恢复时间。

在 I/O 线由高电平变为低电平之后,DS18B20 在 $15~\mu s$ 至 $60~\mu s$ 的窗口之间对 I/O 线采样。如果线为高电平,写1就发生;如果线为低电平,便发生写0(见图11)。

对于主机产生写1时间片的情况,数据线必须先被拉至逻辑低电平,然后就被释放,使数据线在写时间片开始之后的 $15~\mu s$ 之内拉至高电平;对于主机产生写0时间片的情况,数据线必须被拉至逻辑低电平且至少保持低电平 $60~\mu s$。

● 读时间片

当从 DS18B20 读数据产生读时间片,数据线必须保持在低逻辑电平至少 $1~\mu s$;来自 DS18B20 的输出数据在读时间片下降沿之后 $15~\mu s$ 有效。因此,为了读出从读时间片开始算起 $15~\mu s$ 的状态主机必须停止把 I/O 引脚驱动至低电平(见图 1-15)。在读时间片结束时,I/O 引脚经过外部的上拉电阻拉回至高电平。所有读时间片的最短持续期限为 $60~\mu s$,各个读时间片之间必须有最短为 $1~\mu s$ 的恢复时间。图 1-16 指出 T_{INRT},T_{RC} 和 T_{SAMPLE} 之和必须小于 $15~\mu s$。图 1-17 说明,通过使 T_{INRT} 和 T_{RC} 尽可能小,且把主机采样时间定在 $15~\mu s$ 期间的末尾,系统时序关系就有最大的余地。

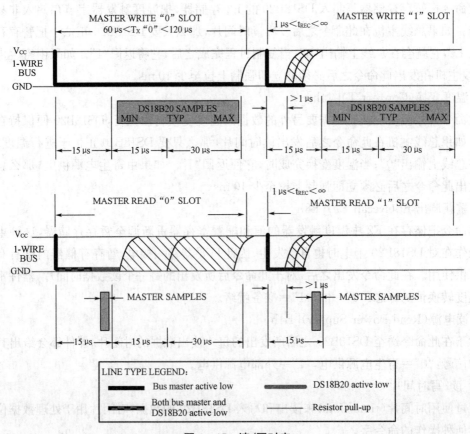

图 1-15　读/写时序

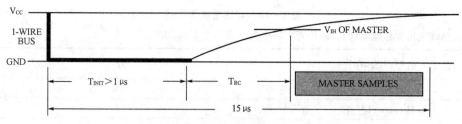

图 1－16 详细的主机读"1"时序

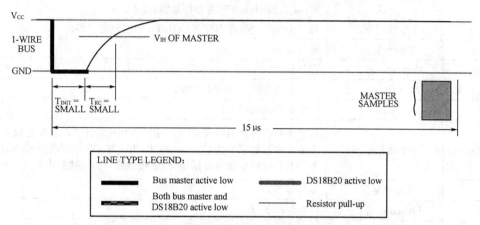

图 1－17 推荐的主机读"1"时序

表 1－9 存储器操作举例

举例：总线主机产生温度变换命令，然后读出温度（假定采用寄生供电）。

主机方式	数据（LSB 在先）	注 释
Tx	Reset（复位）	复位脉冲（480 μs～960 μs）。
Rx	Presence（存在）	存在脉冲。
Tx	55h	发出"Match ROM"（符合 ROM）命令。
Tx	64 位 ROM 代码	发出 DS18B20 地址。
Tx	44h	发出"Convert T"（温度变换）命令。
Tx	I/O 线高电平	总线主机使 I/O 线至少保持 tconv 的高电平以便完成变换。
Tx	Reset（复位）	复位脉冲。
Rx	Presence（存在）	存在脉冲。
Tx	55h	发出"Match ROM"（符合 ROM）命令。
Tx	64 位 ROM 代码	发出 DS18B20 地址。
Tx	BEh	发出"Read Scratchpad"（读暂存存储器）命令。
Rx	（9 个数据字节）	读整个暂存存储器以及 CRC；主机现在重新计算从暂存存储器接收来的 8 个数据字节的 CRC，并把计算得到的 CRC 与读出的 CRC 比较。如果二者相符，主机继续操作；如果不符：重复此读操作。
Tx	Reset（复位）	复位脉冲。
Rx	Presence（存在）	存在脉冲，操作完成。

表 1 - 10　存储器操作举例

举例：总线主机写存储器（假定采用寄生供电且只有一个 DS18B20）。

主机方式	数据（LSB 在先）	注　释
Tx	Reset（复位）	复位脉冲。
Rx	Presence（存在）	存在脉冲。
Tx	CCh	Skip ROM（跳过 ROM）命令。
Tx	4Eh	Write Scratchpad（写暂存存储器）命令。
Tx	3 个数据字节	写三个字节至暂存存储器（TB,TL 和配置寄存器）。
Tx	Reset（复位）	复位脉冲。
Rx	Presence（存在）	存在脉冲。
Tx	CCh	Skip ROM（跳过 ROM）命令。
Tx	BEh	读暂存存储器命令。
Rx	9 个数据字节	读整个暂存存储器以及 CRC。主机现在重新计算从暂存存储器接收来的 8 个数据字节的 CRC，并把此 CRC 与暂存存储器读回的两个另外字节相比较。如果数据相符，主机继续工作；否则，重复这一过程。
Tx	Reset（复位）	复位脉冲。
Rx	Presence（存在）	存在脉冲。
Tx	CCh	Skip ROM（跳过 ROM）命令。
Tx	48h	Copy Scratchpad（复制暂存存储器）命令；在发出此命令之后，主机必须等待 10 ms，以待复制操作的完成。
Tx	Reset（复位）	复位脉冲。
Rx	Presence（存在）	存在脉冲，操作完成。

项目 2 基于接触式 IC 卡的计时系统设计与制作

2.1 基于接触式 IC 卡的计时系统教学任务书

2.1.1 综合实训项目任务

设计并制作一个基于接触式 IC 卡的计时系统

2.1.2 控制要求和技术参数

1. 设计要求

设计并制作一个基于接触式 IC 卡的计时系统,系统框图如图 2-1 所示。

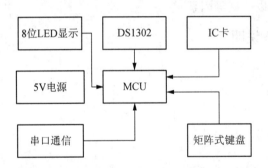

图 2-1 基于接触式 IC 卡的计时系统框图

其中单片机可以选择通用型 51 的单片机,如 STC 系列或是 AVR 系列的单片机,在本系统中使用 STC89C52,IC 卡用接触式非加密 IC 卡 AT24C02。

2. 控制要求

本系统是模拟公司里用于上下班时的打卡系统,本系统要求可以通过键盘设置日期和时间,在没有卡时,在 LED 中轮流显示日期和时间,以"YY-MM-DD"和"HH-MM-SS"的格式显示;如果需要调节时间,方法是:按键"0"是开始调节标志键,按键"1"是增大时间,按键"2"是减少时间,按键"3"是确定调时 OK,按键"4"的作用是时间与日期之间相互切换。

当卡插进去时,数码管的显示全部切换成"———————"这种密码输入状态,然后输入密码,初始密码为"111111",在输入密码期间,若输错的时候,可以按"CANCEL"键将错误的密码删除;密码输入成功以后,按"OK"键确认。

　　如果密码输入正确,数码管前两位将显示记录时间的小时数;中间两位数码管将显示记录时间的分钟数;最后两位将显示"1"或者"2":"1"表示着此次插卡是"上机刷卡";"2"表示着此次插卡是"下机刷卡"。

　　如果密码输入错误,数码管将清除先前输入的密码,并且数码管显示成"— — — — — —",让用户再次输入密码,直到成功输入正确的密码为止。

　　当记录的时间在数码管上闪烁了 200 下以后,不管卡有没有被拔出卡槽,数码管都将继续显示时间。

　　如果需要上机(下机)的话,只需要再次将卡插入卡槽内,并且重复上面的过程即可。

　　当记录时间的小时数大于 25 的时候,数码管将显示错误标志"三 三 三 三 三 三",到时候只需要按一下"OK"就可以将里面的时间清 0。

　　完成如下功能的测量:

　　(1) 能正确显示日期和时间;

　　(2) 能正确设置日期和时间;

　　(3) 能对 IC 卡(AT24C02)进行读写操作;

　　(4) 能正确记录总的时间数。

2.1.3　其他技术要求

　　熟练使用 Keil C 语言编程环境、各种硬件测试工具(如示波器)。设计需考虑电路结构的简捷、布局合理、功能可以扩展等因素。

2.1.4　其他任务说明

　　硬件部分

　　(1) 方案设计与讨论;

　　(2) 电路设计;

　　(3) 硬件安装与调试。

　　软件部分

　　(1) LED 动态显示与键盘功能实现;

　　(2) DS1302 软件编程;

　　(3) IC 卡的软件编程;

　　(4) 整体联调。

2.2　基于接触式 IC 卡的计时系统的设计与制作学习指导

2.2.1　综合实训项目学习进程安排

步骤	项目内容	学生的任务	老师的任务	时间	场地
一 方案设计	一、计时系统总体方案设计	1. 了解项目背景及应用； 2. 分析项目的技术要求、技术参数和技术指标； 3. 资料查询,初步方案设计； 4. 方案研讨,电路和软件流程草图形成； 5. 确定设计方案。	讲授、指导、答疑指导学生查阅 AT24C02、DS1302 及单片机的资料	2 天	工业中心三楼机房或流水线
二 计划	二、元器件选择	1. 根据控制方案选择元器件； 2. 分析对比元器件的性价比； 3. 对各部分电路进行功能和数据分析,确立最终方案。	讲授、指导、答疑	1 天	
三 实施	三、绘制计时系统电路原理图	1. 用 Protel 99SE 软件电路图； 2. 特殊元器件的绘制入库； 3. 元器件和接插件明细表； 4. 元器件采购与检验,工作安排。	指导、答疑	2 天	工业中心三楼机房
	四、绘制计时系统印制电路板图	1. 用 Protel 99SE 软件绘制印制电路板图； 2. 特殊封装的制作入库、电源和地线绘制等； 3. 印制电路板文件输出。	指导、答疑	2 天	
	五、安装计时系统印制电路板	根据工艺要求安装系统印制板并进行硬件调试	指导、答疑、考核	2 天	流水线
	六、绘制流程图,上机编写程序、并在 PROTUES 软件中进行仿真	1. 对键盘与显示模块进行软件编程与仿真(2 天)； 2. 对 DS1302 进行编程,能在数码管中显示日期和时间(3 天)； 3. 对 DS1302 进行编程,能通过键盘进行日期和时间的调整(2 天)； 4. 对 IC 卡(AT24C02)进行编程,能进行正确读写操作(2 天)； 5. 根据系统要求进行程序组合编程。能实现系统要求(2 天)； 6. 程序优化,完整功能实现(1 天)。	指导、答疑	12 天	工业中心三楼机房

步骤	项目内容	学生的任务	老师的任务	时间	场地
三实施	七、软、硬件联调	1. 将各个模块程序下载到系统中,对硬件进行测试; 2. 将系统程序下载到系统中,进行系统级的软硬联调; 4. 完成作业文件16(1天); 5. 修改单片机添加串口通信程序,并用串口调试软件进行调试,完成作业文件17(1天)。	指导、答疑	2天	测试区间
	八、整理技术资料	1. 整理计时系统的功能; 2. 整理相关的技术图纸; 3. 整理保存电子资料; 4. 编制计时系统的使用说明书。	指导、答疑	2天	工业中心三楼机房
四检查	九、项目验收	1. 由指导教师和学生代表组成项目验收小组; 2. 对照计时系统的技术要求,通电测试每一项功能; 3. 记录每一项功能的测试结果。	组织实施	1天	流水线
五评估	十、总结报告	1. 整理出相关技术文件; 2. 总结项目训练过程的经验和体会。	组织实施	1天	多媒体教室

2.2.2　学生工作过程记录表

学习工作单 1　　　　　　　　记录编号№

学习领域:电子产品设计与制作实训	学习情境:基于接触式 IC 卡的计时系统设计与制作	任务单元:总体方案设计

姓名_____班级_____学号_____日期_____

组员姓名_____

1. 写出基于接触式 IC 卡的计时系统开发的设计要求,明确设计任务。
2. 根据设计要求,小组讨论分析存在的主要障碍和困难,解决这些困难和障碍的措施有哪些?

参考文献

学习过程中的主要问题及解决措施

教师评阅

学习工作单 2		记录编号No

学习领域:电子产品设计与制作实训	学习情境:基于接触式 IC 卡的计时系统设计与制作	任务单元:总体方案设计

姓名_____班级_____学号_____日期_____

组员姓名_____

3. 给出基于接触式 IC 卡的计时系统开发 2 个方案框图。并简要说明每个方案的优缺点。

资料查阅统计

网站或期刊名称:

主要内容:

学习过程中的主要问题及解决措施

教师评阅

学习工作单 3 记录编号№

学习领域:电子产品设计与制作实训	学习情境:多路温湿度巡检仪的制作	任务单元:元器件选择

姓名_____班级_____学号_____日期_____

组员姓名_____

4. 确定基于接触式 IC 卡的计时系统的方案,根据方案选择主要元器件。

资料查阅统计

网站或期刊名称:

主要内容:

学习过程中的主要问题及解决措施

教师评阅

学习领域:电子产品设计与制作实训	学习情境:基于接触式 IC 卡的计时系统设计与制作	任务单元:元器件选择

姓名_____ 班级_____ 学号_____ 日期_____

组员姓名_____

5. 画出计时系统开发完整电路图并确定元器件参数,给出详细设计过程(提示:以模块功能电路为设计单元)。

资料查阅统计

网站或期刊名称:

主要内容:

学习过程中的主要问题及解决措施

教师评阅

学习工作单 5　　　　　　　　　　记录编号№

学习领域:电子产品设计与制作实训	学习情境:基于接触式 IC 卡的计时系统设计与制作	任务单元:绘制电路原理图

姓名_____班级_____学号_____日期_____

组员姓名_____

6. 原理绘制的一般原则。

7. 如何加载原理图模版? 写出主要命令。

8. 查阅 GB4728 标准,写出电路图中所用到的元器件标号和标识图形符号。

资料查阅统计

学习过程中的主要问题及解决措施

教师评阅

学习领域:电子产品设计与制作实训	学习情境:基于接触式 IC 卡的计时系统设计与制作	任务单元:绘制印制电路板图

姓名_____班级_____学号_____日期_____

组员姓名_____

9. 印制电路板绘制的一般原则。

10. 写出制作 IC 卡座的封装的主要步骤和相关命令。

11. 元器件焊盘的大小如何确定?

资料查阅统计

学习过程中的主要问题及解决措施

教师评阅

学习工作单 7

学习领域:电子产品设计与制作实训	学习情境:基于接触式 IC 卡的计时系统设计与制作	任务单元:印制电路板元器件安装

姓名_____ 班级_____ 学号_____ 日期_____

组员姓名_____

12. 写出印制电路板装配流程。

13. 焊接过程中要注意哪些事项?

资料查阅统计

学习过程中的主要问题及解决措施

教师评阅

学习工作单 8　　　　　　　　　　　　记录编号№

学习领域:电子产品设计与制作实训	学习情境:基于接触式 IC 卡的计时系统设计与制作	任务单元:印制电路板调试

姓名_____班级_____学号_____日期_____

组员姓名_____

14. 写出印制电路板调试流程。

15. 调试过程中要注意哪些事项?

16. 调试过程中出现的故障及解决措施。

17. 调试过程中最难的问题是什么?

资料查阅统计

学习过程中的主要问题及解决措施

教师评阅

学习工作单 9　　　　　　　　　　　　　记录编号№

学习领域:电子产品设计与制作实训	学习情境:基于接触式 IC 卡的计时系统设计与制作	任务单元:数码管显示与键盘操作

姓名_____班级_____学号_____日期_____

组员姓名_____

18. 在 protues 软件中画出电路图,要求有 89C51 单片机的最小系统、2 个共阳型的 4 位一体数码管,一个 3 * 4 的矩阵式键盘。

19. 用 8 个数码管按"YY - MM - DD"格式显示数据,请画程序流程图,并写出代码,并在 protues 软件中进行仿真,将效果图粘贴在这里。

20. 通过键盘实现修改日期内容,请画出程序流程图并写出程序。并在 protues 软件中进行仿真,将效果图粘贴在这里。

资料查阅统计

学习过程中的主要问题及解决措施

教师评阅

学习工作单 10

学习领域:电子产品设计与制作实训	学习情境:基于接触式 IC 卡的计时系统设计与制作	任务单元:对 DS1302 操作

姓名_____ 班级_____ 学号_____ 日期_____

组员姓名_____

---

21. 学习工作单 9 的基础上,添加 DS1302 的电路。

22. 对 DS1302 进行初始化,将 DS1302 中的日期和时间信息读取出来,在数码管中按"YY - MM - DD"、""HH - MM - DD"格式轮流显示日期和时间,请画程序流程图,写出代码,并在 protues 软件中进行仿真,将效果图粘贴在这里。

23. 通过键盘实现修改日期和时间内容,将修改后的日期时间写入 DS1302 中,请画出程序流程图并写出程序,在 protues 软件中进行仿真,将效果图粘贴在这里。

资料查阅统计

学习过程中的主要问题及解决措施

教师评阅

学习工作单 11

学习领域:电子产品设计与制作实训	学习情境:基于接触式 IC 卡的计时系统设计与制作	任务单元:对 IC 卡(AT24C02)操作

姓名_____班级_____学号_____日期_____

组员姓名_____

24. 学习工作单 10 的基础上,添加 AT24C02 的电路。

25. 从 DS1302 中读出日期和时间信息,在数码管中按"YY - MM - DD"、""HH - MM - DD"格式轮流显示日期和时间,将日期和时间信息写入到 IC 卡(AT24C02)中,请画程序流程图,并写出代码,在 protues 软件中进行仿真,将效果图粘贴在这里。

26. 过一会儿,按按键"1",从 AT24C02 中读出上次记录的日期和时间信息,并在数码管显示;按按键"2",从 DS1302 中读出目前的日期和时间信息,并在数码管显示,请画出程序流程图并写出程序,在 protues 软件中进行仿真,将效果图粘贴在这里。

资料查阅统计

学习过程中的主要问题及解决措施

教师评阅

学习工作单 12　　　　　　　　　　记录编号№

学习领域:电子产品设计与制作实训	学习情境:基于接触式 IC 卡的计时系统设计与制作	任务单元:系统编程与进行软硬调试

姓名_____班级_____学号_____日期_____

组员姓名_____

27. 学习工作单 11 的基础上,进行系统编程,实现如下功能。

　　在没有卡时,在 LED 中轮流显示日期和时间,以"YY‐MM‐DD"和"H‐MM‐SS"的格式显示;如果需要调节时间,方法是:按键"0"是开始调节标志键,按键"1"是增大时间,按键"2"是减少时间,按键"3"是确定调时 OK,按键"4"的作用是时间与日期之间相互切换。

　　当卡插进去时,数码管的显示全部切换成"—　—　—　—　—　—"这种密码输入状态,然后输入密码,初始密码为"1　1　1　1　1　1",在输入密码期间,若输错的时候,可以按"CANCEL"键将错误的密码删除;密码输入成功以后,按"OK"键确认。

　　如果密码输入正确,数码管前两位将显示　记录时间的小时数;中间两位数码管将显示　记录时间的分钟数;最后两位将显示"1"或者"2":"1"表示着此次插卡是"上机刷卡";"2"表示着此次插卡是"下机刷卡"。

　　如果密码输入错误,数码管讲清除先前输入的密码,并且数码管重新显示成"—　—　—　—　—　—",让用户再次输入密码,直到成功输入正确的密码为止。

　　当记录的时间在数码管上闪烁了 200 下以后,不管卡有没有被拔出卡槽,数码管都将继续显示时间。

　　如果需要上机(下机)的话,只需要再次将卡插入卡槽内,并且重复上面的过程即可。

　　当记录时间的小时数大于 25 的时候,数码管将显示错误标志"三　三　三　三　三　三",到时候只需要按一下 OK 就可以将里面的时间清 0。

28. 请画出程序流程图并写出程序,下载到硬件系统中进行测试效果。

资料查阅统计

　

学习过程中的主要问题及解决措施

　

教师评阅

学习工作单 13　　　　　　　　　　　记录编号№

学习领域:电子产品设计与制作实训	学习情境:基于接触式 IC 卡的计时系统设计与制作	任务单元:添加串口通信功能,并用串口调试软件进行调试

姓名_____班级_____学号_____日期_____

组员姓名_____

---

29. 修改单片机程序,添加串口通信功能,并用串口调试软件进行调试。

规定:(1)上位机发送"r",表示读取密码;发送"w"+6 位密码,表示修改密码;发送"t",表示要读取时间。

(2)单片机发送"♯pxxxxxx♯",表示发送密码到串口调试助手;发送"♯hxxmxxsxx♯",表示发送时间到串口调试助手。

资料查阅统计

学习过程中的主要问题及解决措施

教师评阅

学习工作单 14　　　　　　　　　　记录编号№

学习领域:电子产品设计与制作实训	学习情境:基于接触式 IC 卡的计时系统设计与制作	任务单元:修改串口调试助手程序,完成学习工作单元 17 串口调试软件的功能

姓名_____　班级_____　学号_____　日期_____

组员姓名_____

30. 使用串口调试助手程序,完成学习工作单元 13 串口调试软件的功能,能够实现读取密码、修改密码、及读取计时的总时间功能。

规定:(1)上位机发送"r",表示读取密码;发送"w"+6 位密码,表示修改密码;发送"t",表示要读取时间。

(2)单片机发送"♯pxxxxxx♯",表示发送密码到串口调试助手;发送"♯hxxmxxsxx♯",表示发送时间到串口调试助手。

资料查阅统计

学习过程中的主要问题及解决措施

教师评阅

2.2.3　元件清单表

单位	份数	序号	幅面	代号	名称	装　入		总数量	备注	更改
						代号	数量			
		1								
		2								
		3								
		4								
		5								
		6								
		7								
		8								
		9								
		10								
		11								
		12								
		13								
		14								
		15								
		16								
		17								
		18								
		19								
		20								
		21								
		22								
		23								
		24								
旧底图总号		25								

日期	签名					拟　制			基于接触式 IC 卡
						审　核			的计时系统
		更改	数量	更改单号	签　名	日期		第　　　　页	

格式(5a)　　　　　　　　　　　　描图　　　　　　　　　　　幅面

2.2.4 测试记录与评分表

班级：＿＿＿＿＿＿ 组号：＿＿＿＿＿＿ 小组成员＿＿＿＿＿＿＿＿＿ 时间：＿＿＿＿＿＿

类型	序号	项目与指标			满分	测试记录	评分	备注
基本要求	1	测试如下功能						
		数码管动态显示（"YY‑MM‑DD)	能正确显示	10	10			
			有断码或某一位不显示	5				
			不能显示	0				
		通过按键改变显示内容	完全实现	20	20			
			部分实现	10				
			不能实现	0				
		设置显示日期和时间	能设置与显示	20	20			
			能显示但不能设置	10				
			不能显示且不能设置	0				
		IC卡的读写操作	能实现IC卡读写操作	20	20			
			部分实现	10				
			未实现	0				
		完整实现系统功能	实现	20	20			
			部分实现	10				
发挥部分	2	通过串口通信对DS1302进行控制	能实现	10	10			
			未实现	0				

2.3 基于接触式IC卡的计时系统设计与制作技术报告

2.3.1 方案认证与电路设计

本实训项目是模拟公司里用于上下班时的打卡系统,通过基于接触式IC卡的计时系统总体方案设计,选择通用型型单片机、绘制电路原理图、绘制印制电路板图、制作印制电路板图、安装、焊接电子测温计印制电路板、绘制流程图、上机调试程序等环节设计并制作一个具有计时、密码输入对比、时间日期轮流显示功能的计时系统。其整体结构如图2-2所示,下面就框图的每一部分作出分析。

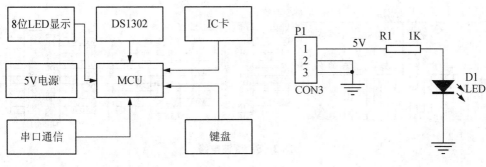

图 2-2 基于接触式 IC 卡的计时系统框图　　　图 2-3 电源接口

5V 电源设计

因为本系统中的单片机及其他硬件都是采用＋5V 供电,所以从 使用方便、节约成本等方面考虑,故直接使用 5V 输入,同时也可以使用笔记本计算机的 USB 供电,只需要简单滤波即可,相关电路如图 2-3 所示。

DS1302 时钟电路设计

通过查阅 DS1302 时钟芯片技术资料可知,该芯片的电路设计只需使用其参考电路即可,为了电路保证系统的可靠性,在 RST、I/O、SCLK 引脚加上拉电阻,电路如图 2-4 所示。

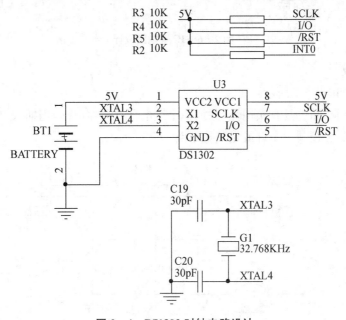

图 2-4 DS1302 时钟电路设计

显示电路设计

考虑到实训所用成本、单片机 I/O 接口等因素,本实训采用数码管显示并用两片带锁存功能的 74HC573 作为段码和位码驱动,其中段码和 8 个数码管位选共有一个端口,所用显示电路如图 2-5 所示。

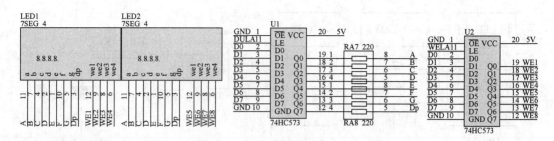

图 2-5　滤波电路

IC 卡电路设计

IC 卡电路如图 2-6 所示，为使得在读写卡有灯闪烁现象，用 CLK 引脚去控制一个 LED 灯 D3。

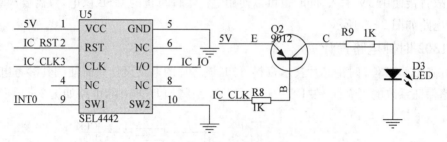

图 2-6　IC 卡电路设计

继电电路设计

继电器电路如图 2-7 所示：

考虑到本实训产品更具有实用性，添加一个继电器控制器电路，当插入 IC 卡正确密码后，可以用该电路模块去控制一个灯或是其他电路。

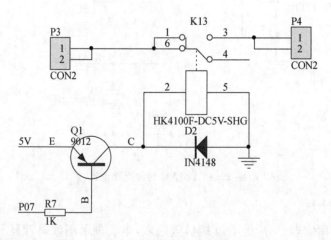

图 2-7　输出电流 I 的取样电路

键盘电路设计

在本系统中，为了降低键盘程序设计的难度，设计了用于表示"0～9"、"确定"、"取消"共

12 个按键。键盘电路如图 2-8 所示：

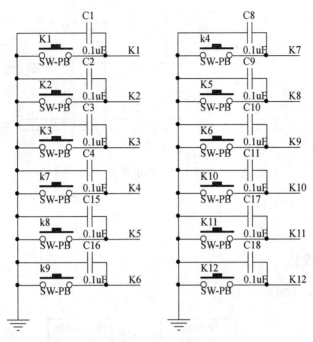

图 2-8 键盘电路

单片机型号选择与最小系统电路设计

综合前面各单元电路设计可知，共需 32 个 I/O 口数量，故选择 STC89C52 合适，系统的最小系统电路如图 2-9 所示。

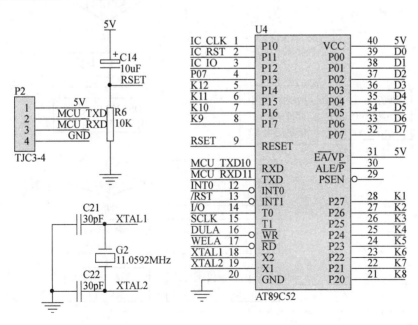

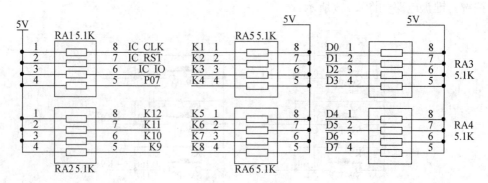

图 2 - 9　最小系统

整体电路图

整体电路图如图 2 - 10 所示。

2.3.2　程序设计

整个系统的流程图如图 2 - 11 所示。

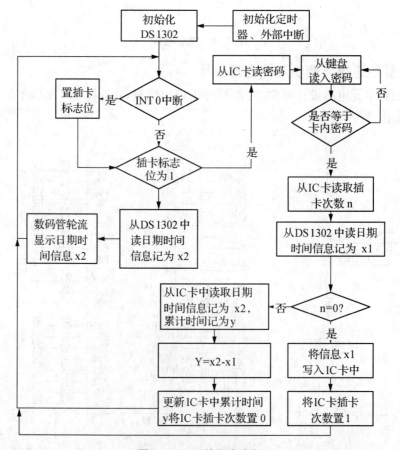

图 2 - 11　系统程度流程

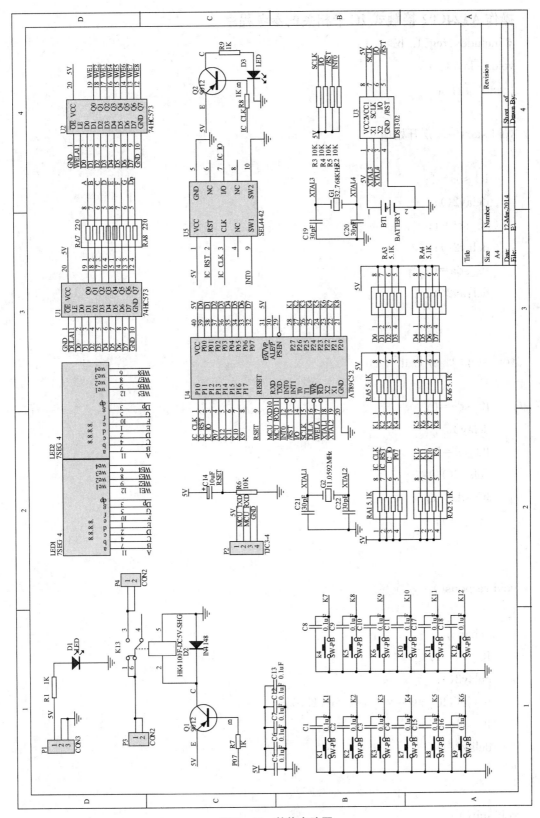

图 2 - 10　整体电路图

操作 AT24C02 接触式 IC 卡相关的参考程序

```c
#include<reg51. h>
void delay2()
{ ;; }

void start()    //开始信号
{
    IC_sda=1;
    delay2();
    IC_scl=1;
    delay2();
    IC_sda=0;
    del;ay2();
}

void stop()    //停止
{
    IC_sda=0;
    delay2();
    IC_scl=1;
    delay2();
    IC_sda=1;
    delay2();
}

void respons()    //应答
{
    uchar i;
    IC_scl=1;
    delay2();
    while((IC_sda==1)&&(i<250))i++;
    IC_scl=0;
    delay2();
}

void init()
```

```c
{
    IC_sda=1;
    delay2();
    IC_scl=1;
    delay2();
}

void write_byte(uchar date)
{
    uchar i,temp;
    temp=date;

    for(i=0;i<8;i++)
    {
        temp=temp<<1;
        IC_scl=0;
        delay2();
        IC_sda=CY;
        delay2();
        IC_scl=1;
        delay2();
    }
    IC_scl=0;
    delay2();
    IC_sda=1;
    delay2();
}

uchar read_byte()
{
    uchar i,k;

    IC_scl=0;
    delay2();
    IC_sda=1;
    delay2();
```

```
    for(i=0;i<8;i++)
    {
        IC_scl=1;
        delay2();
        k=(k<<1)|IC_sda;
        IC_scl=0;
        delay2();
    }
    return k;
}


void write_add(uchar byte_add,uchar dat)
{
    start();   //发送起始信号;
    write_byte(0xa0);   //发送寻址从器件的寻址地址;
    respons();
    write_byte(byte_add);   //操作地址;
    respons();
    write_byte(dat);   //要传输的数据;
    respons();
    stop();
}


uchar read_add(uchar byte_add)
{
    uchar date;
    start();
    write_byte(0xa0);
    respons();
    write_byte(byte_add);
    respons();
    start();
    write_byte(0xa1);
    respons();
    date=read_byte();
    stop();
```

```
        return date;
}
操作 DS1302 的相关程序
#include<reg51. h>
#include"DS1302. h"

uchar second=20;
uchar minute=10;
uchar hour=13;
uchar day=7;
uchar month=9;
uchar year=12;

void   delay( )
{
        uchar i=100;

        while(i--);
}

void delay1(uint z)
{
        uchar x,y;
        for(x=z;x>0;x--)
        for(y=100;y>0;y--);
}

void writeByteToDS1302(uchar d)  //向 DS1302 写字节;
{
        uchar i;
        ACC =d;
        for(i=8; i>0; i-)
        {
                DS1302_IO = ACC0;
                DS1302_CLK = 0;
                DS1302_CLK = 1;
```

```
        ACC = ACC >> 1;
    }
}


uchar readByteFrom1302(void)//读 1302 的字节;
{
    uchar i;

    for(i=8; i>0; i—)
    {
        ACC = ACC >>1;//相当于汇编中的 RRC
        DS1302_CLK = 1;
        DS1302_CLK = 0;
        ACC7 =DS1302_IO;
    }
    return(ACC);
}


void writeDataTo1302(uchar ucAddr, uchar ucda)//ucADDr:DS1302 地址，ucData:要
写的数据
{
    DS1302_RST = 0;
    DS1302_CLK = 0;
    DS1302_RST = 1;
    writeByteToDS1302(ucAddr);      // 地址,命令
    writeByteToDS1302(ucda);        // 写 1Byte 数据
    DS1302_CLK = 1;
    DS1302_RST = 0;
}


uchar readDataFrom1302(uchar ucAddr)//读取 DS1302 某地址的数据
{
    uchar ucData;

    DS1302_RST = 0;
    DS1302_CLK = 0;
```

```
    DS1302_RST = 1;
    writeByteToDS1302(ucAddr);          // 地址,命令
    ucData = readByteFrom1302();         // 读 1Byte 数据

    return(ucData);
      DS1302_CLK=1;
      DS1302_RST = 0;
}


uchar BCDToDecimal(uchar Dat)
{
    uchar i;

    i=((Dat/16) * 10)+(Dat%16);
        //i=((Dat&0xF0)>>4) * 10 + (Dat&0x0F);
    return i;
}


uchar DecimalToBCD(uchar Dat)
{
    uchar i;
      1
    i=((Dat/10) * 16+(Dat%10));
    //i=((Dat/10<<4)|(Dat%10));
        return i;
}
void writeData()
{
    writeDataTo1302(0x8E,0x00);//写入写保护寄存器,关闭写保护;
    writeDataTo1302(0x80,DecimalToBCD(second));//写入秒的初始值。
    writeDataTo1302(0x82,DecimalToBCD(minute));//写入分的初始值。
    writeDataTo1302(0x84,DecimalToBCD(hour));//写入时的初始值。
    writeDataTo1302(0x86,DecimalToBCD(day));//写入天的初始值。
    writeDataTo1302(0x88,DecimalToBCD(month));//写入月的初始值。
    writeDataTo1302(0x8C,DecimalToBCD(year));//写入年的初始值。
```

```
    writeDataTo1302(0x8E,0x80);//写入写保护寄存器,打开写保护;
}

void readData()
{
    uchar temp;

    temp = readDataFrom1302(0x81);
    second =BCDToDecimal(temp);

    temp = readDataFrom1302(0x83);
    minute =BCDToDecimal(temp);

    temp = readDataFrom1302(0x85);
    hour = BCDToDecimal(temp);

    temp = readDataFrom1302(0x87);
    day = BCDToDecimal(temp);

    temp = readDataFrom1302(0x89);
    month =BCDToDecimal(temp);

    temp = readDataFrom1302(0X8D);
    year = BCDToDecimal(temp);
}
```

2.3.3　组装、焊接及注意事项

检查元器件

按元器件清单表 2-1 检查器件是否齐全,使用万用表的"二极管测量功能"测量一下电路板的电源和地是否有短路现象。

表 2 - 1　元器件清单

单份	份数	序号	幅面	代号	名称	装入		总数量	备注	更改
						代号	数量			
		1			印制板 AUDIO_AMP. PCB			1		
		2								
		3			贴片电阻(0805)±5%					
		4		R1,R7—9	1K			4		
		5		R2 - 6	10K			5		
		6								
		7								
		8			排阻(0603)					
		9		RA1—6	5.1K			6		
		10		RA7—8	220			2		
		11								
		12			纽扣电池					
		13		BT1	3V			1	1:1	
		14								
		15								
		16			贴片电容(0805)					
		17		C1~13,C15~18	0.1 μF			17		
		18		C19—22	33pF			4		
		19			电解					
		20		C14	CD110 - 25V - 10 μF±20%			1		

旧底图总号										
						更改标记	数量	更改单号	签名	日期
日签					元器件组合单元 (ICCARD _ DOUBLE _ XS) 明细表	等级标记		第　张	共　张	
	标准化									
	批准									

格式(5)　　　　　　　　　描图　　　　　　　　　幅面:4

单份	份数	序号	幅面	代号	名称	装入		总数量	备注	更改
						代号	数量			
		1			二极管					
		2		D1,D3	LEDΦ2.5 红			2	直插型	
		3		D2	1N4148 – SMD			1	贴片	
		4								
		5			数码管					
		6		LED1 – 2	SM410364(共阳)			2	4 位一体共阳数码管	
		7								
		8			三极管					
		9		Q1—2	9012(SOT – 23)			2		
		10								
		11			晶振					
		12		G1	32.768 kHz			1	两脚直插(圆形)	
		13		G2	11.0592 MHZ			1	两脚直插	
		14			集成电路					
		15		U3	DS1302(SO – 8)			1		
		16		U1 – 2	74HC573(SOJ – 20)			2		
		17		U4,STC	12C5A60S2(DIP40)			1	1∶1 配	
		18		U5	AT24C02			1	1∶1 配	
		19								
		20			接插件					
		21			CR1220（配 BT1）			1	纽扣电池座	
		23			KF—003（配 U5）			1	接触式 IC 卡座	
		24		P1	DC – 208 – 2.0 (D2.1)			1		
		25		P2	TJC3 – 4			1		
		26		P3—4	JXZ508_2			2		
		27			DIP40（配 U8）			1		
		28		K1—12	轻触开关 6X6X7			12		
		29		K13	HK4100F – DC5V – SHG			1		
		30								
		32								
					拟　制				IC CARD	
日期	签名				审　核					
				日期					第 2 页	

格式(5a)　　　　　　　　　描图　　　　　　幅面：

焊接

（1）手上带防静电手腕带，检测合格，手腕带松紧适中，金属片与手腕部皮肤贴合良好，接地线连接可靠。

（2）电烙铁需带防静电接地线，焊接时接地线必须可靠接地，防静电恒温电烙铁插头的接地端必须可靠接交流电源保护地。电烙铁绝缘电阻应大于 10 MΩ，电源线绝缘层不得有破损。

测量电烙铁是否接地良好的方法：将万用表打在电阻挡，表笔分别接触烙铁头部和电源插头接地端，接地电阻值稳定显示值应小于 3 Ω，否则接地不良。

（3）手握铬铁的姿势掌握正确的操作姿势，可以保证操作者的身心健康，减轻劳动伤害。为减少焊剂加热时挥发出的化学物质对人的危害，减少有害气体的吸入量，一般情况下，烙铁到鼻子的距离应该不少于 20 cm ，通常以 30 cm 为宜。

（4）按插装、焊接工艺要求进行焊接

先焊接矮的、再焊接高的，即先焊接贴片集成电路，再焊接其他贴片器件，最后焊接直插器件。

对有极性的电容器、二极管要极性，标记方向要易看得见。在焊接电容时，先装玻璃釉电容器、金属膜电容器、瓷介电容器，最后装电解电容器。在焊接立式二极管时，对最短的引脚焊接时，时间不要超过 2 秒钟。

在焊接三极管时，按要求将 e、b、c 三根引脚装入规定位置。焊接时间应尽可能的短些，焊接时用镊子夹住引脚，以帮助散热。

在焊接集成电路的。将集成电路插装在印制线路板上，按照图纸要求，检查集成电路的型号、引脚位置是否符合要求。

（5）检查焊接点

焊完后，先检查一遍所焊元器件有无错误，有无焊接质量缺陷，确认无误后将已焊接的线路板或部件转入下道工序的生产。

（6）整理

对于直插器件要修理其引脚。将未用完的材料或元器件分类放回原位，将桌面上残余的锡渣或杂物扫入指定的周转盒中；将工具归位放好；保持台面整洁。

关掉电源，按照电烙铁使用要求放好电烙铁，并做好防氧化保护工作。焊接后的实物如图 2－12 所示。

图 2－12　基于接触式 IC 卡的计时系统实物

2.3.4　测试方案与测试结果

测试所需的仪器

测试所需的仪器参考如表 2-2 所示。

表 2-2　测试所需的仪器

序号	型号	名称	数量	备注
1	DF1731SDLA	稳压电源	1	
2	CS-4125A	双踪示波器	1	
3	UNI-T	数字万用表	1	
4		串口通信线	1	用于下载程序

测量数据

下载程序,测量各种数据,填写下列表格。

类型	序号	项目与指标			满分	测试记录	评分	备注
基本要求	1	测试如下功能						
		数码管动态显示("YY-MM-DD)	能正确显示	10	10			
			有断码或某一位不显示	5				
			不能显示	0				
		通过按键改变显示内容	完全实现	20	20			
			部分实现	10				
			不能实现	0				
		设置显示日期和时间	能设置与显示	20	20			
			能显示但不能设置	10				
			不能显示且不能设置	0				
		IC 卡的读写操作	能实现 IC 卡读写操作	20	20			
			部分实现	10				
			未实现	0				
		完整实现系统功能	实现	20	20			
			部分实现	10				
发挥部分	2	通过串口通信对 DS1302 进行控制	能实现	10	10			
			未实现	0				

2.3.5　总结

在本次设计的过程中遇到了不少问题,这些问题以前基本上都没接触到过,因为以前我们用的基本上都是基于单片机用软件的方法实现一些仿真,而这个项目硬件设计比较简单,软件设计比较麻烦,不容易理解。不管是接触过的还是没有接触过的都要尝试着去摸索,在摸索中前进。这是一种很好的学习方法,建议大家多多采用,不要怕错,关键是要找到错误的原因,这样才能更加深刻的对所设计的东西有所了解。通过本实训项目的学习,使我们在对与时序相关的芯片编程有了较深的认识。

2.4　相关知识附录

AT24C02 的相关技术资料

STC89C51 是深圳宏晶公司生产的基于 51 单片机内核的第六代加密单片机。它兼容 Atmel 89C51 单片机的管脚,在此基础上具有性能稳定、驱动能力更强、功耗更低、价格更低、烧录程序更方便的特点。

使用 Keil C 编程软件编写代码,使用方便,并且支持汇编。使用 stc-isp-v4. 80 软件烧录程序,可实现在线下载,不需要额外的编程器。

AHT11 温湿度传感器电气参数

IC 卡芯片的触点

AT24C01/02 芯片触点功能见表 2 - 3,其触点位置见图 2 - 13(底视图)。

表 2 - 3　AT24C01/02 芯片触点功能说明

芯片触点	引脚	功能
C1	V_{CC}	工作电压
C2	NC	未连接
C3	SCL(CLK)	串行时钟
C5	GND	地
C6	NC	未连接
C7	SDA(I/O)	串行数据(输入/输出)

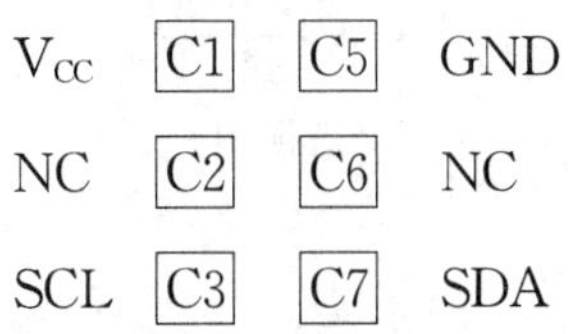

V_{CC}　C1　C5　GND

NC　C2　C6　NC

SCL　C3　C7　SDA

图 2 - 13　AT24C01/02 芯片触点（底视图）

IC 卡座

实物

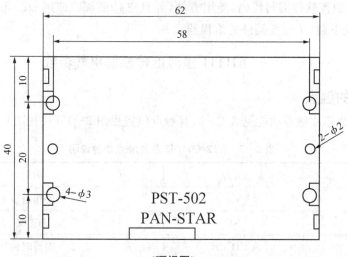

（顶视图）

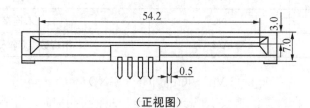

（正视图）

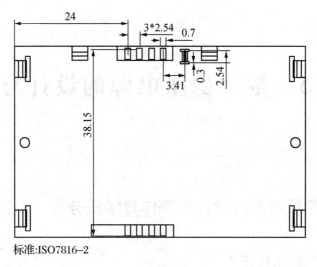

标准:ISO7816-2

（底视图）

（3）直流电源插座 D2.1

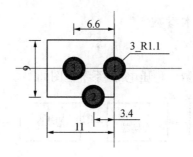

（4）TJC3-4

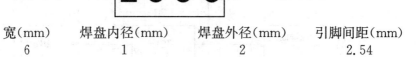

长（mm）	宽（mm）	焊盘内径（mm）	焊盘外径（mm）	引脚间距（mm）
11.55	6	1	2	2.54

项目 3   数字稳压电源的设计与制作

3.1   数字稳压电源的设计与制作教学任务书

3.1.1   综合实训项目任务

数字稳压电源的设计与制作。

3.1.2   控制要求和技术参数

1. 设计要求

设计并制作一个降压型的数字稳压电源,系统框图如图 3-1 所示。

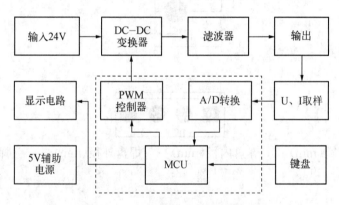

图 3-1   数字稳压电源系统框图

其中单片机可以选择集 PWM 控制器、A/D 转换器于一体的单片机,如图中虚线框中部分所示。单片机为 STC 系列或是 AVR 系列。

2. 控制要求

① 输出:

输出电压可调,5 V~10 V 之间;输出电流不超过 1 A。

单片机对输出电压、电流进行取样、处理,对 PWM 控制器进行控制,控制 DC—DC 控制器,使电源的输出电压和输出电流稳定在设置的范围。

当出现过流现象时,应该具备输出保护功能,且当过流现象排除后能自动提供输出。

② 通过键盘可以设置要输出的电压；

③ 显示电路循环显示当前输出的电压值和电流值，电压显示时间为 20 s、电流显示时间为 10 s。

完成如下参数的测量，具体见表 3-1 所示。

表 3-1　参数表

序　号	指　标　名　称	指标要求
(1)	电压调整率 S_u : $S_u = \dfrac{U_{o2} - U_{o1}}{U_o} \times 100\%$	$S_u \leqslant 0.5\%$
(2)	负载调整率 S_l : $S_l = \left\| \dfrac{U_{o2} - U_{o1}}{U_2} \right\| \times 100\%$	$S_l \leqslant 1\%$
(3)	噪声纹波电压峰—峰值 U_{opp}	$U_{opp} \leqslant 0.1\ \text{V}$
(4)	效率 η : $\eta = \dfrac{P_{out}}{P_{in}} = \dfrac{U_{out} * I_{out}}{U_{in} * I_{in}}$	$\eta \geqslant 75\%$

3.1.3　其他技术要求

熟练使用 Keil C 语言编程环境、各种硬件测试工具（如示波器）。设计需考虑电路结构的简捷、布局合理、功能可以扩展等因素。

3.1.4　其他任务说明

(1) 硬件部分

① 方案设计与讨论。

② 电路设计。

③ 硬件安装与调试。

(2) 软件部分

① LED 动态显示与键盘功能实现。

② A/D 功能的实现。

③ PWM 功能的实现。

④ 整体联调。

3.2　数字稳压电源的设计与制作学习指导

3.2.1　综合实训项目学习进程安排

步骤	项目内容	学生的任务	老师的任务	时间	场地
一、资讯与决策	数字稳压电源系统总体方案设计	了解项目背景及应用。 分析项目的技术要求、技术参数和技术指标。 资料查询,初步方案设计。 方案研讨,电路和软件流程草图形成。 确定设计方案。	(1) 布置任务;了解稳压电源的基本原理和主要应用;系统参数。 (2) 提供查资料的途径:21IC. COM 网站,电子类杂志。 (3) 评审设计方案。	5 天	机房
二、计划	元器件选择	根据控制方案选择元器件。 分析对比元器件的性价比。 对各部分电路进行分析,确定最终方案。	(1) 提供查资料的途径:21IC. COM 网站、STC 公司的官方网站等。 (2) 提供大功率开关管等芯片、下载线、LM358 等资料器件分析,确定最终方案元器件采购检验要求。 (3) 审核工作计划表。	2 天	机房
三、实施	绘制电路原理图	用 Protel 99SE 软件电路图。 特殊元器件的绘制入库。 元器件和接插件明细表。 元器件采购与检验,工作安排。	Protel 99SE 软件应用,原理图绘制要求。	2 天	机房
	绘制印制电路板图	用 Protel 99SE 软件绘制印制电路板图。 特殊封装的制作入库、电源和地线绘制等。 印制电路板文件输出。	讲解印制板尺寸要求,特殊元器件及接插件的封装制作;讲解 PCB 布线规则。	2 天	机房
	安装、焊接	根据工艺要求焊接、安装数字稳压电源系统印制板并进行测试。	印制板制版工艺流程、设备使用、环保要求、安全要求。	1 天	机房

步骤	项目内容	学生的任务	老师的任务	时间	场地
三、实施	绘制流程图，上机调试数字稳压电源程序	键盘与显示部分软件调试。	指导学生设计程序流程图，设计相关模块的程序；解决学生在编程过程中遇到的问题。	9天	机房
		A/D采样程序设计并显示。			
		PWM软件编程与调试，要求占空比可以通过按键进行调节。			
		软/硬件联调，使之满足设计要求（对输出的电压及电流同时检测，并可以适当地调节PWM的占空比）。			
		程序优化，完整功能实现。			
	整理技术资料	整理数字稳压电源系统的技术参数。	提供编写设计文件模版及编写要求。	2天	
		整理相关的技术图纸。			
		整理保存电子资料。			
		编制数字稳压电源系统的使用说明书。			
四、检查	项目验收	由指导教师和学生代表组成项目验收小组。	检查学生实现的功能，并认真记录。	1天	流水线
		对照数字稳压电源系统的技术要求，通电测试每一项功能。			
		记录每一项功能的测试结果。			
五、评价	总结报告	整理出相关技术文件。	组织学生答辩。	1天	教室
		总结项目训练过程的经验和体会。			

3.2.2 学生工作过程记录表

学习工作单 1

学习领域：电子产品设计与制作实训	学习情境：基于 STC12C5410AD 的数字稳压电源开发	任务单元：总体方案设计

姓名_____班级_____学号_____日期_____

组员姓名_____

◇ 写出数字稳压电源开发的设计要求，明确设计任务。

◇ 根据设计要求，小组讨论分析存在的主要障碍和困难，解决这些困难和障碍的措施有哪些？

资料查阅统计

网站：

期刊名称：

主要内容：

参考文献

学习过程中的主要问题及解决措施

学习工作单 2

学习领域:电子产品设计与制作实训	学习情境:基于 STC12C5410AD 的数字稳压电源开发	任务单元:总体方案设计

姓名_____ 班级_____ 学号_____ 日期_____
组员姓名_____

◇ 给出数字稳压电源 2 个方案框图,并简要说明每个方案的优缺点。

资料查阅统计

网站:
期刊名称:
主要内容:

学习过程中的主要问题及解决措施

教师评阅

学习工作单 3   记录编号№

学习领域:电子产品设计与制作实训	学习情境:基于 STC12C5410AD 的数字稳压电源开发	任务单元:确定选择元器件

姓名_____ 班级_____ 学号_____ 日期_____

组员姓名_____

(1) 查阅芯片资料,完成元器件参数性能表。

元器件参数性能表   记录编号№

序号	规格型号	主要参数及功能	封装	制造商	可替换的型号

(2) 给出元器件参数性能表中每个芯片的典型应用电路。

查阅资料统计

网站:
期刊名称:
主要内容:

学习过程中的主要问题及解决措施

教师评阅

学习工作单 4　　　　　　　　　　　　　　记录编号№

学习领域:电子产品设计与制作实训	学习情境:基于 STC12C5410AD 的数字稳压电源开发	任务单元:完整电路设计

姓名_____班级_____学号_____日期_____

组员姓名_____

◇ 画出数字稳压电源开发完整电路图并确定元器件参数,给出详细设计过程(提示:以模块功能电路为设计单元)。

资料查阅统计

网站:
期刊名称:
主要内容:

学习过程中的主要问题及解决措施

教师评阅

学习工作单 5 记录编号No

学习领域：电子产品设计与制作实训	学习情境：基于 STC12C5410AD 的数字稳压电源开发	任务单元：印制电路板元器件安装与调试

姓名＿＿＿＿＿班级＿＿＿＿＿学号＿＿＿＿＿＿日期＿＿＿＿＿

组员姓名＿＿＿＿＿＿＿＿＿＿＿＿＿＿＿＿＿＿

◇ 写出印制电路板装配流程。

◇ 焊接过程中要注意哪些事项？

◇ 硬件调试过程中要注意哪些事项？

◇ 硬件调试过程中出现的常见故障及解决措施。

资料查阅统计

网站：

期刊名称：

主要内容：

学习过程中的主要问题及解决措施

教师评阅

学习工作单 6

学习领域:电子产品设计与制作实训	学习情境:基于 STC12C5410AD 的数字稳压电源开发	任务单元:按键、数码管显示编程

姓名_____班级_____学号_____日期_____

组员姓名_____

◇ 在数码管上显示出数据"1.234",要求给出源代码和流程图。
◇ 使用中断法通过按键实现数据的增加和减少功能,要求给出源代码和流程图。

资料查阅统计

网站:
期刊名称:
主要内容:

学习过程中的主要问题及解决措施

教师评阅

学习领域:电子产品设计与制作实训	学习情境:基于 STC12C5410AD 的数字稳压电源开发	任务单元:A/D 采样程序编程

姓名_____ 班级_____ 学号_____ 日期_____

组员姓名_____

◇ 与 A/D 采样相关的寄存器有哪些,说出其作用与操作方法。

◇ 接入到小于 3 V 的电压电路中进行采样,并将显示出来的结题显示在数码管中,要求画出程序流程图及写出源代码。

资料查阅统计

网站:

期刊名称:

主要内容:

学习过程中的主要问题及解决措施

教师评阅

学习工作单 8

记录编号№

学习领域：电子产品设计与制作实训	学习情境：基于 STC12C5410AD 的数字稳压电源开发	任务单元：PWM 程序编程

姓名_____班级_____学号_____日期_____

组员姓名_____

◇ 与 PWM 相关的寄存器有哪些，说出其作用与操作方法。

◇ 请编写程序让 PWM0 输出占空比为 60％的方波，并用示波器查看；再通过按键来控制 PWM 方波的占
　空比。要求画出程序流程图、观察到的方波及给出源代码。

资料查阅统计

网站：

期刊名称：

主要内容：

学习过程中的主要问题及解决措施

教师评阅

学习工作单 9   记录编号№

学习领域:电子产品设计与制作实训	学习情境:基于 STC12C5410AD 的数字稳压电源开发	任务单元:软件、硬件联调

姓名_____班级_____学号_____日期_____

组员姓名_____

◇ 将 DC—DC 电路连接起来,连接阻值为 100 Ω 滑动变阻器负载,并将滑动变阻滑到阻值最大处,使 DC—DC 电路工作。

◇ 计算使输出电压为 5 V 的占空比,通过软件控制 DC—DC 模块,让 DC—DC 输出电压为 5 V±1 V,即误差为 20%。

◇ 在误差为 20%的基础上修改软件,使其输出流差分别为 10%、5%、1%。同时要对过流进行监控,当电流超过额定值的 30%时,停止输出电压,并报警,直到改变负载到规定的范围内。

◇ 画出相关程序流程图及给出源代码。

资料查阅统计

网站:

期刊名称:

主要内容:

学习过程中的主要问题及解决措施

教师评阅

说明:建议本项目会用自带 AD 转换及 PWM 产生器的 STC12C5410AD 单片机。

3.2.3　元件清单表

单位	份数	序号	幅面	代号	名称	装　入		总数量	备注	更改
						代号	数量			
		1								
		2								
		3								
		4								
		5								
		6								
		7								
		8								
		9								
		10								
		11								
		12								
		13								
		14								
		15								
		16								
		17								
		18								
		19								
		20								
		21								
		22								
		23								
		24								
		25								

	图号				

					拟　制		数字稳压电源开发
日期	签名				审　核		

		更改	数量	更改单号	签　名	日期			第　1　页

格式(5a)　　　　　　　　　　　　描图　　　　　　　　　　幅面

一周学习总结表

院（系）部名称： 　　　　　　　　　　　　编号：

姓名		学号		班级	

时间:从＿＿＿＿＿到＿＿＿＿＿　　　　第＿＿学年第＿＿＿学期第＿＿周

星期	学习内容	备注
星期一		
星期二		
星期三		
星期四		
星期五		

本周学生学习自我评估：

　　　　　　　　　　　　　　　　学生签名：　　　　时间：

3.3 数字稳压电源的设计与制作技术报告

3.3.1 方案认证与电路设计

本实训项目通过数字稳压电源系统总体方案设计,选择 PWM 信号产生器和 A/D 转换于一体的且具有串口下载方式的 STC12C5410AD 型单片机,绘制电路原理图、绘制印制电路板图、制作印制电路板图、安装、焊接电子测温计印制电路板、绘制流程图、上机调试程序等环节设计并制作一个数字稳压电源,使之能够输出稳定电压、带流保护功能,并且轮流将电压、电流用数码管显示出来。其整体结构如图 3-2 所示,下面就框图的每一部分作出分析。

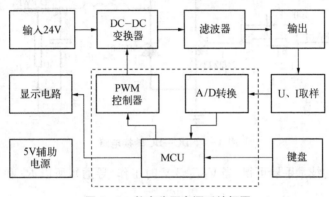

图 3-2 数字稳压电源系统框图

(1) 5 V 辅助电源设计

因为本系统中的单片机及其他硬件都是采用+5 V 供电,所以从各方面考虑,决定使用性价比较高的三端稳压器 78M05 作为稳压芯片,相关电路如图 3-3 所示;C_1、C_2 主要是用于滤除输入电压的纹波,C_7 是用于滤除输出电压的纹波;C_5、C_6 用来消除电路中可能存在的高频噪声,即改善负载的瞬时响应。

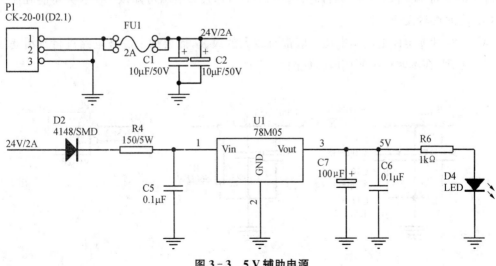

图 3-3 5 V 辅助电源

（2）DC—DC 变换器设计

DC—DC 变换器可以采用大功率三极管或是场效应管设计，考虑到学生目前掌握的电路知识及场效应管的辅助电路设计较难，所以在本实训中采用大功率三极管 TIP147。参考电路如图 3－4 所示。

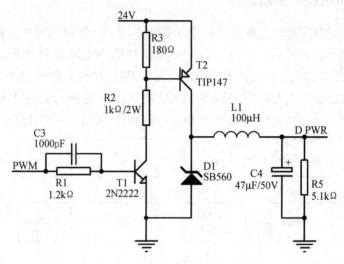

图 3－4　DC—DC 转换电路

查看 TIP147 的技术手册可得，当 $V_{EB} \geqslant 3$ V 时工作（导通），所以 R_2 和 R_3 的参数取如图所示的值。

该电路的工作过程为：当 PWM 信号为高电平时，T1 导通，V_{EB} 满足大于 3V 的条件，T2 导通，电流从 T2 的 E 极流向 C 极对 L1 和 C_4 进行充电且对负载供电；当 PWM 信号为低电平时，T1 截止，V_{EB} 不满足大于 3V 的条件，T2 也截止，此时，L1 和 C_4 放电，对负载供电，并通过 D1 形成闭合回路。

在本模块中，D1 由其功能称其为续流二极，在实际选择器件时，应该选择大电流型的、正向压降小的肖特基二极管，在本实训中选择 SB560，通过查资料可知该二极管完全能胜任。

（3）滤波电路设计

DC—DC 变换电路的输出电压一般都有较大的纹波，需要加上滤波电路进行平滑滤波和高频滤波处理，在本实训中所用电路如图 3－5 所示。

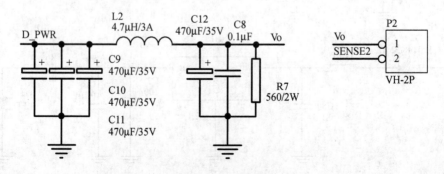

图 3－5　滤波电路

这是一个 LC 型的 π 型滤波器，C_9、C_{10}、C_{11} 为滤波器的输入端的滤波电容，起平滑作用；C_{12} 是滤波器输出端的滤波电容，起平滑作用；C_8 是一个滤除高频信号的电容，选用器件时可先用陶瓷型的。

（4）输出电压 U 的取样电路设计

U 的取样电路如图 3-6 所示。

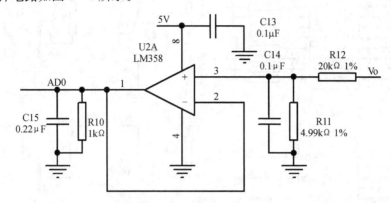

图 3-6　输出电压 U 的取样电路

STC12C5410AD 单片机 A/D 取样的参考值为工作电源（本系统为 5 V），所以当输出电压大于等于 5 V 时，就无法正确测量输出电压因此由 R_{11} 和 R_{12} 构成分压电路。当输出电压在 3～10 V 时，网络标识 AD0 处的电压范围为 0.6～2 V，能满足 A/D 取样的要求。

（5）输出电流 I 的取样电路设计

输出电流 I 的取样电路如图 3-7 所示。

在图 3-7 中，由 R_8 和 R_9 构成电流取样电阻，若输出端的电流为 1 A，则产生的取样电压也只有 0.05 V；若输出端的电流只有 0.5 A，则可能得到取样电压只有 0.025 V，这样小的电压不适合直接采样。在需要一个放大倍数约为 50 倍的放大电路，以满足 A/D 取样的要求，如图 3-7 中的 U3A 所示。

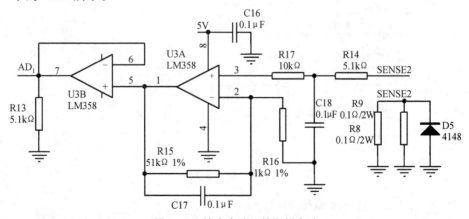

图 3-7　输出电流 I 的取样电路

（6）显示电路设计

显示电路如图 3-8 所示。

在本系统中,使用共阴的 4 位一体数码管,为了增加单片机的驱动能力,使用了一片74CH573 芯片。

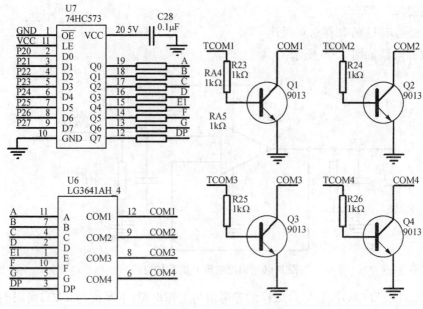

图 3-8　显示电路

(7) 键盘电路设计

键盘电路如图 3-9 所示。

在本系统中,为了减少软件对键盘的扫描占用系统资源,使用中断方式。当有按键按下时,ANCOM 产生一个下降沿的信号,正好能满足外部中断的要求。

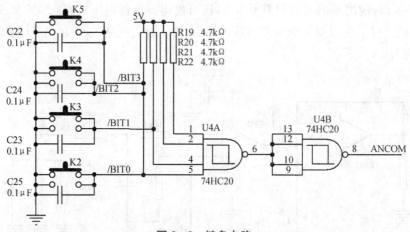

图 3-9　键盘电路

(8) PWM 控制器、A/D 转换器、MCU 的选择

在本实训中,单片机选择集 PWM 控制器、A/D 转换器于一体的 STC12C5410AD,该单片机是宏晶科技在标准 8051 单片机内核基础上进行较大改进后推出的增强型单片机。它是增强型 8051 单片机,单时钟/机器周期,工作电压 3.5~5.5 V,工作频率范围 0~35 MHz,512 KB 片内数据存储器,10 KB 片内 Flash 程序存储器,ISP(在系统可编程)/IAP(在应用可

编程),可通过串口直接下载程序,EEPROM 功能,6 个 16 位定时/计数器,PWM(4 路)/PCA(可编程计数器阵列,4 路),8 路 10 位 A/D 转换,SPI 同步通信口。其最小系统为图 3 - 10 所示。

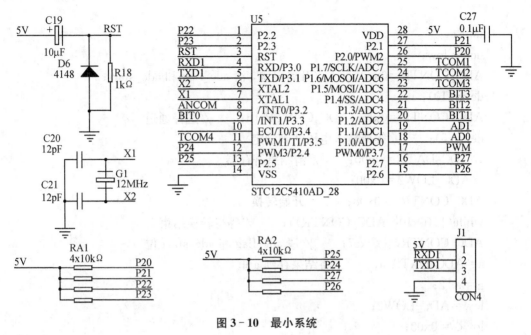

图 3 - 10 最小系统

3.3.2 程序设计

整个系统的流程图如图 3 - 11 所示。

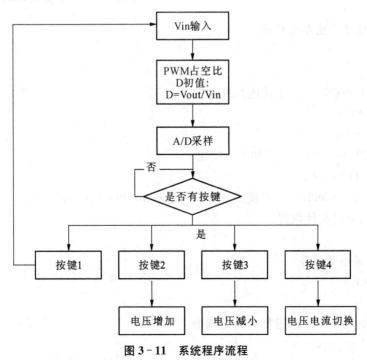

图 3 - 11 系统程序流程

关键程序有:A/D采样、PWM信号产生、显示、按键程序。

(1) A/D采样参考程序

```
unit Read AD(uchar n)
{
    uint a;
    uchar low;
    ADC_CONTR=0xe0;        //开启电源,清adc_flag和adc_start;
    delay(10);
    ADC_CONTR=0xfe&ADC_CONTR|n;        //选择通道
    delay(5);        //等待输入电压达到稳定
    //ADC_DATA=0x00;        //清结果寄存器
    //ADC_LOW2=0x00;
    ADC_CONTR|=0x08;        //开始转换
    while(!(0x10&ADC_CONTR));        //等待转换结束
    ADC_CONTR&=0xe7;        //清adc_flag和adc_start位
    a=ADC_DATA a;        //将结果存到a里
    a=a<<2;
    low=ADC_LOW2;
    low&=0x03;
    a|=low;
    a=a*500/1024;        //将采样值转化为实际输出电压值
    return a;
}
```

(2) PWM信号产生参考程序

```
void pwm()
{
    CMOD=0x02;        //使用系统时钟
    CL=0x00;
    CH=0x00;
    CCAP0L=0xe0;        //初始占空比
    CCAP0H=0xe0;
    CCAPM0=0x42;        //使能pwm模式,pwmM0=1,ecom0=1
    CR=1;//启动计数器
}
```

(3) 键盘扫描参考程序

```
void keyscan()
{
    if(!key5)        //按键使占空比减小
    {
```

```
        delay(5);

        if(! key5)
        {
            while(! key5);
            CCAP0H－－;
        }
    }

    if(! key4)      // 按键使占空比增加
    {
        delay(5);
        if(! key4 )
        {
            while(! key5);
            CCAP0H＋＋;
        }
    }

    if(! key2)      //电压电流采样切换
    {
        delay(5);
        if(! key2)      //0 为电压,1 为电流
        {
            while(! key2);
            b=～b;
        }
    }
}
```

(4) 显示参考程序

```
void display(uint x)      //显示函数
{
    uchar qian,bai,shi,ge;

    x * ＝5;
    qian＝x/1000;
    bai＝x％1000/100;
    shi＝x％100/10;
    ge＝x％10;

    P2＝0;
    a_138＝1;b_138＝1;c_138＝0;
```

```
    P2=dispcode[qian];
    delay(10);

    P2=0;
    a_138=0;b_138=1;c_138=0;
    P2=dispcode[bai]|0x80;
    delay(10);

    P2=0;
    a_138=1;b_138=0;c_138=0;
    P2=dispcode[shi];
    delay(10);

    P2=0;
    a_138=0;b_138=0;c_138=0;
    P2=dispcode[ge];
    delay(10);
}
```

3.3.3 组装、焊接及注意事项

(1) 制作组装工艺文件

制作如图 3-12 所示，并标注相关器件的参数。

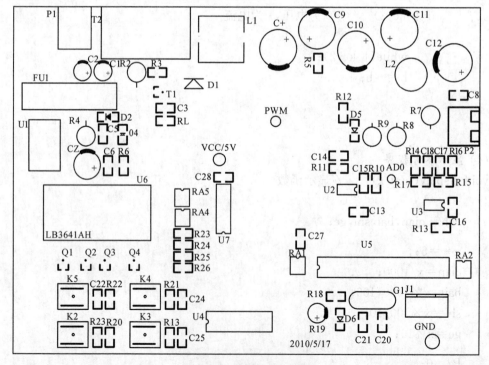

图 3-12 组装工艺文件

（2）检查器件

按电子工艺文件中元件清单上的检查器件是否齐全,使用万用表的"二极管测量功能"测量一下电路板的电源和地是否有短路现象。PCB实物如图3-13所示。

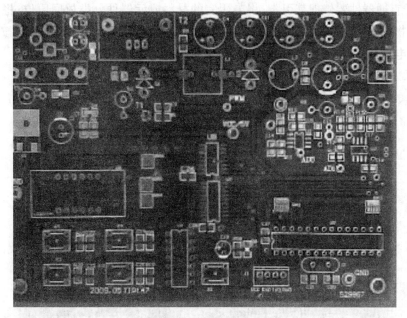

图3-13　PCB实物

（3）焊接

① 手上带防静电手腕带,检测合格,手腕带松紧适中,金属片与手腕部皮肤贴合良好,接地线连接可靠。

② 电烙铁需带防静电接地线,焊接时接地线必须可靠接地,防静电恒温电烙铁插头的接地端必须可靠接交流电源保护地。电烙铁绝缘电阻应大于 10 MΩ,电源线绝缘层不得有破损。

测量电烙铁是否接地良好的方法:将万用表打在电阻挡,表笔分别接触烙铁头部和电源插头接地端,接地电阻值稳定显示值应小于 3 Ω;否则接地不良。

③ 手握铬铁的姿势掌握正确的操作姿势,可以保证操作者的身心健康,减轻劳动伤害。为减少焊剂加热时挥发出的化学物质对人的危害,减少有害气体的吸入量,一般情况下,烙铁到鼻子的距离应该不少于 20 cm,通常以 30 cm 为宜。

④ 按插装、焊接工艺要求进行焊接,先焊接矮的,再焊接高的。即先焊接贴片集成电路,再焊接其他贴片器件,最后焊接直插器件。

对有极性的电容器、二极管的极性,标记方向要易看得见。在焊接电容时,先装玻璃釉电容器、金属膜电容器、瓷介电容器,最后装电解电容器。在焊接立式二极管时,对最短的引脚焊接时,时间不要超过 2 s。

在焊接三极管时,按要求将 e、b、c 三根引脚装入规定位置。焊接时间应尽可能的短些,焊接时用镊子夹住引脚,以帮助散热。

在焊接集成电路时,将集成电路插装在印制线路板上,按照图纸要求,检查集成电路的型号、引脚位置是否符合要求。

⑤ 焊完后,先检查一遍所焊元器件有无错误,有无焊接质量缺陷。确认无误后将已焊接的线路板或部件转入下道工序的生产。

⑥ 对于直插器件要修理其引脚;将未用完的材料或元器件分类放回原位;将桌面上残余的锡渣或杂物扫入指定的周转盒中;将工具归位放好,保持台面整洁;关掉电源,按照电烙铁使用要求放好电烙铁,并做好防氧化保护工作。焊接后的实物如图 3 – 14 所示。

图 3 – 14　数字稳压电源实物

3.3.4　测试方案与测试结果

(1) 测试所需的仪器

测试所需的仪器参考如表 3 – 2 所示。

表 3 – 2　测试所需的仪器

序号	型　号	名　　称	数量	备　注
1	DF1731SDLA	稳压电源	1	
2	CS – 4125A	双踪示波器	1	
3	EE1641B1	函数信号发生器/计数器	1	
4	UNI – T	数字万用表	1	
5		串口通信线	1	用于下载程序
6				
7				
8				

（2）测量数据

① 下载程序。

② 加载一个 10 Ω/16 W 功率电阻作为负载，测量各种数据，填写表 3-3。

表 3-3　评分数据表

类型	序号	项目与指标			满分	测试记录	评分	备注
基本要求	1	断开电源转换电路，仅测试如下功能						
		4位一体数码管动态显示	能正确显示	5	5			
			有断码或某一位不显示	3				
			不能显示	0				
		按键功能，要求使用中断方式	实现中断法	5	5			
			实现查询法	3				
			不能使用键盘功能	0				
		通过按键实现对PWM占空比的调节	能正确调节占空比	10	10			
			仅出现PWM	5				
			不能出现PWM	0				
		A/D采样（将两个通道分别接到VCC）	双通道采样	10	10			
			单通道采样	5				
			未实现采样	0				
		串口通信	实现	10	10			
			不实现	0				
较高要求	2	连接电源转换电路，测试如下指标						
		纹波峰峰值 Voop	Voop<1 V	10	10			
			1 V<Voop	5				
		电压调整率	<0.5%	10	10			
			>0.5%	5				
		负载调整率	<1%	10	10			
			>1%	5				
		效率	>75%	10	10			
			<75%	5				
发挥部分	3	将采集到的电压、电流发送到PC机上	能实现	10	10			
			未实现	0				
		从PC机发送指令给下位机，实现下位的KEY功能	实现	10	10			
			未实现	0				

3.3.5 结论

在本次设计的过程中遇到了不少问题,这些问题以前基本上都没接触过,因为以前我们用的基本上都是基于单片机用软件的方法实现一系列的输出,而这个项目则是基于单片机本身,由于它是自带 PWM 与 A/D 转换的芯片,所以只要对其一系列的特殊功能寄存器进行设置,就可以产生我们所要求的输出信号。这种芯片的好处就是省去了很多麻烦的步骤,只要对其寄存器进行简单的设置,就可以相对来说轻松地输出,这是我们以后应该多采用的方法。还有一个就是单片机产生的 PWM 调制信号的质量很重要,一定要使其达到所设计的要求,否则会出现很多问题。不管是接触过的还是没有接触过的都要尝试着去摸索,在摸索中前进。这是一种很好的学习方法,建议大家多多采用,不要怕错,关键是要找到错误的原因,这样才能更加深刻的对所设计的东西有所了解。

3.3.6 项目用元器件清单

表 3-4 元器件清单

元器件清单			产品名称		产品图号
			基于 STC12C5410AD 数字稳压电源		
序号	器件类型	器件参数		数量	备注
1	印制电路板	POWER. PCB			
2					
3					
4	贴片电阻(0805)±5%	180 Ω		1	
5		1 kΩ		3	
6		1.2 kΩ		1	
7		4.7 kΩ		4	
8		5.1 kΩ		3	
9		10 kΩ		1	
10					
11	贴片电阻(0805)±1%	4.99 kΩ		1	
12		10 kΩ		1	
13		20 kΩ		1	
14		51 kΩ		1	
15					
16	贴片网络电阻(0603)	220 Ω		3	
17		10 kΩ		2	
18					

元器件清单			产品名称	产品图号
			基于 STC12C5410AD 数字稳压电源	
序号	器件类型	器件参数	数量	备注
19	贴片电容(0805)	12 pF	2	
20		1000 pF	1	
21		0.22 μF	1	
22		0.1 μF	15	
23				
24	直插电阻器	RX - 5 W - 150 $\Omega \pm 10\%$	1	
25		RT - 2 W - 0.1 $\Omega \pm 10\%$	2	
26		RT - 2 W - 1 k$\Omega \pm 10\%$	1	
27		RT - 2 W - 560 $\Omega \pm 10\%$	1	
28		RJ - 0.25 W - 1 k$\Omega \pm 10\%$	1	
29				
30				
31	电解电容	CD110 - 50 V - 10 μF$\pm 20\%$	3	
32		CD110 - 50 V - 47 μF$\pm 20\%$	1	
33		CD110 - 50 V - 100 μF$\pm 20\%$	1	
34		CD110 - 35 V - 470 μF$\pm 20\%$	4	
35				
36	直插电感	4.7 μH/3 A	1	
37		100 μH	1	
38				
39	二极管	1N4148 （贴片）	3	
40		SB560	1	
41		LED （0805）	1	
42				
43				
44	三极管	2N2222 （SOT - 23）	1	
45		TIP147 （TO - 220）	1	
46				
47	集成芯片	STC12C5410AD(DIP - 28)	1	U5

（续表）

元器件清单			产品名称			产品图号
			基于 STC12C5410AD 数字稳压电源			
序号	器件类型		器件参数		数量	备注
48			78M05 （SMT）		1	U1
49			74HC573（SOJ - 20）		1	U7
50			74HC20（DIP - 14）		1	U4
51			74LS138 （S0J - 16）		1	U8
52			LM358 （SO - 8）		2	U2,U3
53	4 位一体数码管		LG3641AH（共阴）		1	U6
54						
55	晶振		12 MHz		1	
56						
57	散热片		DSJ - 40		1	配 T2
58	按键		6X6X6		5	
59	保险丝		2A			
60						
61	底座		DIP - 14		1	配 U4
62			DIP - 28		1	配 U5
63						
64	连接器		TJC3 - 4		1	
65			VH - 2P		1	L＝400 mm
66						
67	插头		CK_20_01		1	
68						

旧底图总号	更改标记	数量	更改单号	签名	日期		签名	日期	第 3 页
						拟 制			共 3 页
底图总号						审 核			第 册
						标准化			共 册

3.4　相关知识附录

用到的主要器件的封装。

（1）直流电源插座 D2.1

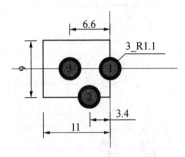

（2）SB560

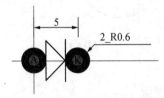

（3）立式功率电阻 0.5W

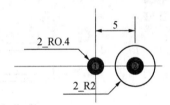

（4）四芯接线柱

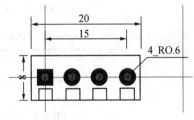

（5）带散热器 TO−220（TIP147）

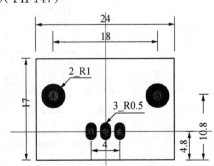

（6）保险丝 5X20_3A

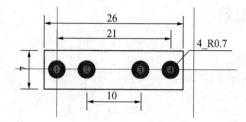

（7）电感

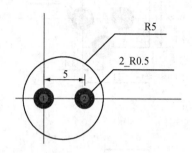

TIP147

TIP145，TIP146，TIP147
PNP SILICON POWER DARLINGTONS

SOT-93 PACKAGE
(TOP VIEW)

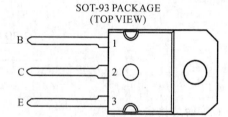

Pin 2 is in electrical contact with the mounting base.

- Designed for Complementary Use with TIP140，TIP141 and TIP142
- 125 W at 25℃ Case Temperature
- 10 A Continuous Collector Current
- Minimum h_{FE} of 1000 at 4 V, 5 A

absolute maximum ratings at 25℃ case temperature（unless otherwise noted）

RATING		SYMBOL	VALUE	UNIT
Collector-base voltage($I_E=0$)	TIP145 TIP146 TIP147	V_{CBO}	-60 -80 -100	V
Collector-emitter voltage($I_B=0$)	TIP145 TIP146 TIP147	V_{CEO}	-60 -80 -100	V
Emitter-base voltage		V_{EBO}	-5	V
Continuous collector current		I_C	-10	A
Peak collector current(see Note 1)		I_{CM}	-15	A
Continuous base current		I_B	-0.5	A
Continuous device dissipation at（or below）25℃ case temperature (see Note 2)		P_{tot}	125	W

（续表）

RATING	SYMBOL	VALUE	UNIT
Continuous device dissipation at (or below) 25℃ free air temperature (see Note 3)	P_{tot}	3.5	W
Unclamped inductive load energy (see Note 4)	$\frac{1}{2}LI_C^2$	100	mJ
Operating junction temperature range	T_j	$-65\sim+150$	℃
Storage temperature range	T_{stg}	$-65\sim+150$	℃
Lead temperature 3.2 mm from case for 10 seconds	T_L	260	℃

NOTES: 1. This value applies for $t_p \leqslant 0.3$ ms, duty cycle $\leqslant 10\%$.

2. Derate linearly to 150℃ case temperature at the rate of 1 W/℃.

3. Derate linearly to 150℃ free air temperature at the rate of 28 mW/℃.

4. This rating is based on the capability of the transistor to operate safely in a circuit of: L$=20$ mH, $I_{B(on)}=-5$ mA, $R_{BE}=100\ \Omega$, $V_{BE(ott)}=0$, $R_S=0.1\ \Omega$, $V_{CC}=-20$ V.

TIP145, TIP146, TIP147
PNP SILICON POWER DARLINGTONS

electrical characteristics at 25℃ case temperature

PARAMETER		TEST CONDITIONS			MIN	TYP	MAX	UNIT
$V_{(BR)CEO}$	Collector-emitter breakdown voltage	$I_C=-30$ mA (see Note 5)	$I_B=0$	TIP145 TIP146 TIP147	-60 -80 -100			V
I_{CEO}	Collector-emitter cut-off current	$V_{CE}=-30$ V $V_{CE}=-40$ V $V_{CE}=-50$ V	$I_B=0$ $I_B=0$ $I_B=0$	TIP145 TIP146 TIP147			-2 -2 -2	mA
I_{CBO}	Collector cut-off current	$V_{CB}=-60$ V $V_{CB}=-80$ V $V_{CB}=-100$ V	$I_E=0$ $I_E=0$ $I_E=0$	TIP145 TIP146 TIP147			-1 -1 -1	mA
I_{EBO}	Emitter cut-off current	$V_{EB}=-5$ V	$I_C=0$				-2	mA
h_{FE}	Forward current transfer ratio	$V_{CE}=-4$ V $V_{CE}=-4$ V	$I_C=-5$ A $I_C=-10$ A	(see Notes 5 and 6)	1000 500			
$V_{CE(sat)}$	Collector-emitter saturation voltage	$I_B=-10$ mA $I_B=-40$ mA	$I_C=-5$ A $I_C=-10$ A	(see Notes 5 and 6)			-2 -3	V
V_{BE}	Base-emitter voltage	$V_{CE}=-4$ V	$I_C=-10$ A	(see Notes 5 and 6)			-3	V
V_{EC}	Parallel diode forward voltage	$I_E=-10$ A	$I_B=0$	(see Notes 5 and 6)			-3.5	V

NOTES: 5. These parameters must be measured using pulse techniques, $t_p=300\ \mu s$, duty cycle $\leqslant 2\%$.

6. These parameters must be measured using voltage-sensing contacts, separate from the current carrying contacts.

resistive-load-switching characteristics at 25℃ case temperature

PARAMETER		TEST CONDITIONS*			MIN	TYP	MAX	UNIT
t_{on}	Turn-on time	$I_C=-10$ A	$I_{B(on)}=-40$ mA	$I_{B(off)}=40$ mA		0.9		μs
t_{off}	Turn-off time	$V_{BE(off)}=4.2$ V	$R_L=3\ \Omega$	$t_p=20\ \mu s, dc\leqslant 2\%$		11		μs

* Voltage and current values shown are nominal; exact values vary slightly with transistor parameters.

TIP145，TIP146，TIP147
PNP SILICON POWER DARLINGTONS

MECHANICAL DATA

SOT-93

3-pin plastic flange-mount package

This single-in-line package consists of a circuit mounted on a lead frame and encapsulated within a plastic compound. The compound will withstand soldering temperature with no deformation, and circuit performance characteristics will remain stable when operated in high humidity conditions. Leads require no additional cleaning or processing when used in soldered assembly.

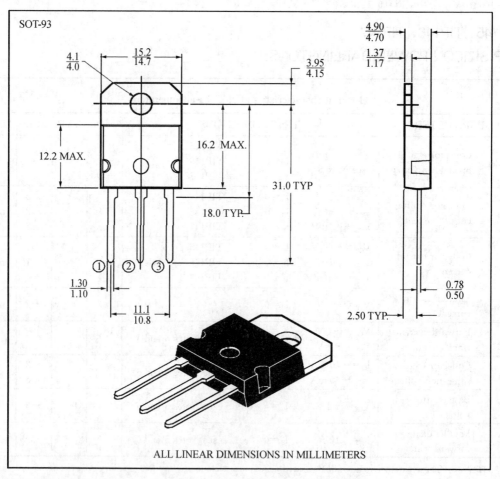

SOT-93

ALL LINEAR DIMENSIONS IN MILLIMETERS

NOTE A: The centre pin is in electrical contact with the mounting tab.

SB520

SB520 THRU SB5100
HIGH CURRENT SCHOTTKY BARRIER RECTIFIERS
VOLTAGE-20 to 100 Volts   CURRENT-5.0 Amperes

FEATURES

Low cost

Plastic package has Underwriters Laboratory

Flammabi ty Classification 94V-O uti zing

Metal to s icon rectifier, Majority carrier conduction

Low power loss, high efficiency

High current capab ity, Low V_F

High surge capacity

Epitaxial construction

For use in low voltage, high frequency inverters,
free wheeling, and polarity protection app cations

High temperature soldering guaranteed: 250℃ J/10
seconds/. 375″(9.5 mm) lead lengths at 5 lbs. , (2.3 kg) tension

DO-201AD

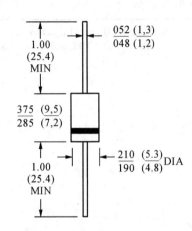

Dmenslons in inches and (mililmeters)

MECHANICAL DATA

Case: Molded plastic. DO-201AD

Terminals: Axial leads, solderable per MIL-STD-202.
Method 208

Polarity: Color band denotes cathode

Mounting Position: Any

Weight: 0.04 ounce, 1.12 gram

MAXIMUM RATINGS AND ELECTRICAL CHARACTERISTICS

Ratings at 25℃ J ambient temperature unless otherwise specified.

Resistive or inductive load.

For capacitive load. derate current by 20%.

	SB520	SB530	SB540	SB550	SB560	SB580	SB5100	UNITS
Maximum Recurrent Peak Reverse Voltage	20	30	40	50	60	80	100	V
Maximum RMS Voltage	14	21	28	35	42	56	80	V
Maximum DC Blocking Voltage	20	30	40	50	60	80	100	V
Maximum Average Forward Rectified Current,. 375″(9.5 mm) Lead Length(Fig. 1)	5.0							A
Peak Forward Surge Current, 8.3 ms single half sine wave superimposed on rated load (JEDEC method)	150							A
Maximum Instantaneous Forward Voltage at 5.0 A	0.55		0.70			0.85		V

（续表）

	SB520	SB530	SB540	SB550	SB560	SB580	SB5100	UNITS
Maximum DC Reverse Current $T_A=25\text{℃}$ J Reverse Voltage $T_A=100\text{℃}$ J				0. 5 50. 0				mA
Typical Thermal Resistance（Note 1）R ℃KJL		15				10		℃J/W
Typical Junction capacitance（Note 2）		500				380		pF
Operating and Storage Temperature Range T_J T_{STG}				$-50\sim+125$				℃J

NOTES：1. Thermal Resistance Junction to Lead Vertical PC Board Mounting . 375(9. 5 mm) Lead Lengths

2. Measured at 1 MHz and applied reverse voltage of 4. 0 Volts

项目 4　数码音量控制扩音器的设计与制作

4.1　数控音频功率放大器的设计与制作教学任务书

4.1.1　综合实训项目任务

数控音频功率放大器的设计与制作。

4.1.2　功能及相关技术参数要求

设计并制作数控音频功率放大器,其结构如图 4-1 所示。

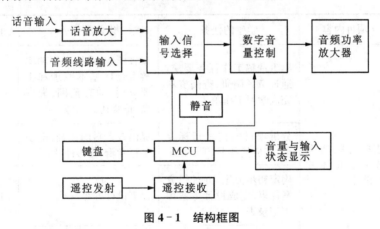

图 4-1　结构框图

功能完成基本要求:

(1) 及格

① 采用 AT89S51 单片机,用编程器烧写程序。

② 2 个数码管显示正常。

③ 设计需考虑电路结构的简捷、布局合理、功能可以扩展等因素。

(2) 良好

① 利用 MCU 的串行口,实现单片机的 ISP(在系统编程)功能。

② 使用板上的按键可以实现音量的加减,数码管同步进行音量显示,不得出现闪烁现象,音量控制分 32 级(数码管加到 32 或 31 后便不再增加,减到 1 或 0 后便不再减小)。

③ 音频输入 1Vpp,阻抗 10 kΩ 和 MIC 输入两条放大同路可以正常切换并工作正常,放

大倍数达到 50 以上。

④ 输入电源:15 V/1 A,输出功率≤4 W(不失真功率,$R_L=4\ \Omega$)。

（3）优秀

① 音量控制可扩展到 100 级。

② 失真度:≤1%。

③ 信噪比:≥80 dB。

④ 输入电源:15 V/1 A,输出功率≥5 W(不失真功率,$R_L=4\ \Omega$)。

⑤ 静音功能可以实现。

⑥ 能够实现音量的记忆功能,可以进行红外遥控。

4.1.3　其他技术要求

设计需考虑电路结构的简捷、布局合理、功能可以扩展等因素。

4.2　数控音频功率放大器的设计与制作学习指导

4.2.1　综合实训项目学习进程安排

步骤	项目内容	学生的任务	老师的任务	时间	场地
一、资讯决策	数控音频功率放大器总体方案设计	熟悉理解工作任务要求,通过市场调研、查阅资料完成学习工作单 1。	布置任务;数控音频功率放大器的基本原理和主要应用;动态范围、失真度、信噪比。	1 天	机房
		分析项目的技术指标要求;完成任务书。	提供查资料的途径:电子工程专辑、元器件、网络。	1 天	
		确定初步方案,并进行方案评审,完成设计方案评审记录表。	评审设计方案。	1 天	
		完善设计方案,确定最终方案,完成学习工作单 2,完成一周工作小结。	检查最终设计方案。	1 天	
二、计划	元器件选择	根据设计方案选择元器件;主要元器件资料的查找。分析对比不同元器件的性价比;主要器件性能分析表,完成学习工作单 3。	提供查资料的途径:电子工程专辑、网站。	1 天	
		阅读芯片资料。	芯片资料的阅读。	1 天	

（续表）

步骤	项目内容	学生的任务	老师的任务	时间	场地
二、计划	元器件选择	根据各部分电路进行计算，确定元器件的规格和型号，完成电路原理图初稿，完成学习工作单4。	元器件的计算。	1天	机房
三、实施	绘制电路图	用Protel 99SE软件绘制电路原理图，完成学习工作单5。	Protel 99SE软件应用，原理图绘制要求，模版的加载。	2天	机房
		元件制作，完成一周工作小结。	元件制作。		
		完善电路图并完成元器件明细表，输出打印原理图。	明细表的格式要求。	1天	
	绘制印制电路板图	用Protel 99SE软件绘制印制电路板图，完成学习工作单6。	印制板尺寸要求，封装概念、布线要求、焊盘要求、测试点要求。	1天	
		封装制作。	封装制作。	1天	
		完善印制板设计。	印制板设计。	1天	
		印制电路板文件输出，顶层、丝印层、底层、打孔图。装配图编写，完成一周工作小结。	印制板设计文件输出。	1天	
	制作印制电路板图	根据印制电路板图制作印制电路板。完成学习工作单7。	印制板制版工艺流程、设备使用、环保要求、安全要求。	1天	PCB实训室
	安装印制电路板	根据装配图明细表进行元器件采购与检验，完成检验记录表。	装配工艺要求，IPC安装标准要求、示范拖焊IC技巧。	1天	流水线
		根据装配图完成数控音频功率放大器装配，完成一周工作小结。			
		根据工艺要求安装印制板，完成学习工作单8。			

（续表）

步骤	项目内容	学生的任务	老师的任务	时间	场地
三、实施	调试印制电路板	编写数控音频功率放大器技术说明，根据技术说明完成调试工艺，调试印制电路板使之满足设计要求，完成学习工作单9。	提供技术说明编写指导、调试工艺说明编写指导和电路故障分析指导。	1天	流水线
		完善调试结果，进行调试评审并完成调试评审记录表。	评审调试过程。如何用实验数据和波形曲线来评估设计结果。	1天	
	整理技术资料	完善数控音频功率放大器电路图、装配图、整机明细表、调试工艺文件等技术文件。完成一周工作小结。	提供编写设计文件模版及编写要求。	1天	机房
		编制数控音频功率放大器的。完成一周工作小结。	技术报告编写要求。	1天	
四、检查	项目验收	由指导教师和学生代表组成项目验收小组。			流水线
		对照数控音频功率放大器的技术要求，通电测试每一项功能。记录每一项功能的测试结果。完成项目测试记录与评分表。	组织项目验收。	1天	
五、评估	总结报告	总结项目训练过程的经验和感想（ppt方式）。完成产品开发成果汇报表。	审核产品开发成果汇报表。	1天	多媒体教室
		答辩。	组织学生答辩。		

4.2.2　学生工作过程记录表

学习领域:电子产品设计与制作综合实训	学习情境:数控音频功率放大器设计与制作	任务单元:明确任务、查找资料,进行技术调研

姓名_____ 班级_____ 学号_____ 日期_____

组员姓名_____

◇ 根据数控音频功率放大器性能指标和功能要求,明确设计任务,查找相关的技术文献、浏览网站进行产品的技术调研,给出初步设计框架。

◇ 根据产品的性能指标和功能要求,小组讨论分析设计过程中可能存在的主要技术难点是什么,解决技术难点的措施有哪些?

◇ 小组成员给出数控音频功率放大器 2 个或 2 个以上方案进行讨论,通过技术分析说明每个方案的优缺点,并最终确定设计方案。

◇ 给出最终确定设计方案,并详细说明方案实施的具体过程以及设计过程的难点。

参考文献

学习过程中的主要问题及解决措施

学习工作单 2

学习领域：电子产品设计与制作 综合实训	学习情境：数控音频功率放大器 设计与制作	任务单元：单元电路设计

姓名_____　班级_____　学号_____　日期_____

组员姓名_____

◇ 根据设计方案把电路分解成若干模块，以模块为单元分配电路的技术指标。

◇ 根据分配的技术指标要求，设计每个模块的单元电路。

◇ 根据单元电路的功能和技术指标，选择合适的 IC，通过阅读 IC 芯片的数据手册（Datasheet），完成单元电路设计。

◇ 给出各个单元电路及设计过程。

◇ 用 Protel 99SE 画出完成整个电路设计，画电路图的基本要求（模块化、信号流向和连线）是什么？

◇ 根据已设计完成的电路图，如何根据元件在电路中功能确定每个元器件参数？包括元件的使用等级、精度、频率特性和温度特性等。

◇ 按国家标准确定元器件参数，制定明细表。

资料查阅统计

网站：

主要内容：

期刊名称：

主要内容：

学习过程中的主要问题及解决措施

教师评阅

学习工作单 3

学习领域:电子产品设计与制作 综合实训	学习情境:数控音频功率放大器 设计与制作	任务单元:元件建库

姓名_____ 班级_____ 学号_____ 日期_____

组员姓名_____

◇ 元件建库分哪两部分？元件建库的一般原则是什么？

◇ 通孔元器件焊盘的大小如何确定？单面板与双面板有什么不同？

◇ 写出制作 TDA2003 的封装的主要步骤和相关命令。

◇ 英制和公制及 mil 之间关系是什么？标准 DIP 元件两个相邻引脚间距离是多少？

◇ 常用的贴片元件有哪些？贴片元件在电子产品中应用的优点是什么？表面贴封"0805"、"SO－8"的含义是什么？

查阅资料统计

学习过程中的主要问题及解决措施

教师评阅

学习工作单 4

学习领域:电子产品设计与制作 综合实训	学习情境:数控音频功率放大器 设计与制作	任务单元:绘制印制电路板图

姓名_____ 班级_____ 学号_____ 日期_____

组员姓名_____

◇ 印制电路板绘制的工艺要求和一般原则是什么?

◇ 在 PCB 设计过程中,常涉及布局和连线的工作,请说明布局工作的重要性。

◇ PCB 设计进行整体布局的依据和原则是什么? 如何提高电路抗干扰性能?

◇ 写出印制电路板装配工艺流程,贴片 IC 用什么方法焊接,评判焊点质量的标准是什么?

◇ 焊接过程中要注意哪些事项,烙铁在开始使用时要做哪两件事?

◇ 电路板焊接完成后要进行机械检查,写出具体工作流程。

查阅资料统计

学习过程中的主要问题及解决措施

教师评阅

学习领域:电子产品设计与制作综合实训	学习情境:数控音频功率放大器设计与制作	任务单元:电路板软件编程与调试

姓名_____班级_____学号_____日期_____

组员姓名_____

◇ 写出电路控制主流程图,软件设计有哪些注意事项?

◇ 单片机控制数字电位器的程序取决于数字电位器的什么参数? 编程时对延时时间有何要求?

◇ 键盘检测程序有哪些方法? 说明各自的特点。

◇ 描述单片机对红外信号软件解码的方法并给出流程图。

查阅资料统计

学习过程中的主要问题及解决措施

教师评阅

学习工作单 6　　　　　　　　　　　　　　　　　记录编号No

学习领域:电子产品设计与制作综合实训	学习情境:数控音频功率放大器设计与制作	任务单元:印制电路板调试与测试

姓名_____班级_____学号_____日期_____

组员姓名_____

◇ 根据产品功能和性能指标写出电路板的调试说明书,另附页说明。

◇ 写出调试过程中使用仪器名称、型号和数量,以及调试过程中的要注意哪些事项。

◇ 调试过程中排除故障的通用方法是什么?

◇ 产品测试是评判产品是否合格的唯一标准,标准的依据是什么?

◇ 说明调试过程中最难的问题是什么?

查阅资料统计

学习过程中的主要问题及解决措施

教师评阅

一周学习总结表

学院名称：　　　　　　　　　　　　　　　编号：

姓名		学号		班级	
时间:从_____到_____　　　　第___学年第_____学期第___周					

星期	学习内容	备注
星期一		
星期二		
星期三		
星期四		
星期五		

本周学生学习自我评估：

学生签名：　　　　时间：

4.2.3　元件清单表

单位	份数	序号	幅面	代号	名称	装　入		总数量	备注	更改
						代号	数量			
		1								
		2								
		3								
		4								
		5								
		6								
		7								
		8								
		9								
		10								
		11								
		12								
		13								
		14								
		15								
		16								
		17								
		18								
		19								
		20								
		21								
		22								
		23								
		24								
		25								

旧底图总号							
					更改标记	数量	更改单号	签名	日期

底图总号	拟制	
	审核	

数控音频功率放大器

| | 等级标记 | 第1张 | 共1张 |

日期签名		
	标准化	
	批　准	

格式(5a)　　　　　　　　　描图　　　　　　　　　幅面:4

4.2.4　数控音频功率放大器测试记录与评分表

班级：＿＿＿＿＿　组号：＿＿＿＿＿　小组成员：＿＿＿＿＿＿＿＿＿＿＿＿＿＿　时间：＿＿＿＿＿

类型	序号	项目与指标			满分	测试记录	评分	备注
基本要求	1	输出功率(不失真) 输入电源 $U_i=18\ V/2\ A$ $R_L=4\ \Omega$ 输入：1 kHz 1 Vpp 正弦 　　信号	5 W	20	20			
			4 W	16				
			3 W	10				
			2 W	6				
			1 W	0				
		频率响应 输入：100 Hz～15 kHz 　　1 Vpp 正弦信号	1 dB	20	20			
			2 dB	15				
			3 dB	10				
			5 dB	5				
			10 dB	0				
		失真度	1%	10	10			
			2%	8				
			3%	5				
			5%	3				
			10%	0				
		信噪比	≥80 dB	10	10			
			≥75 dB	8				
			≥70 dB	5				
			≥60 dB	3				
			≥50 dB	0				
		音量调节	32 级	10	10			
			16 级	5				
			10 级	3				
			不可调	0				
		红外遥控距离≥7M	实现	10	10			
			不实现	0				
		输入切换功能	实现	10	10			
			不实现	0				
		静音功能	实现	10	10			
			不实现	0				

4.3　数控音频功率放大器的设计与制作技术报告

4.3.1　方案认证与电路设计

本实训项目通过数控音频功率放大器的方案设计,完成话音信号放大器和音频功率放大器的设计、选择具有 ISP 串行下载方式的 STC89C51 完成数码音量控制及切换电路设计、绘制数控音频功率放大器电路图和 PCB 图、安装焊接和调试数控音频功率放大器电路板、设计单片机流程图并上机调试单片机程序。通过软硬件整机调试和系统测试完成一个数控音频功率放大器产品制作,使数控音频功率放大器的输出功率大于 5W 且实现按键和红外遥控的音量可调。其整体结构如图 4-2 所示,下面就框图的每一部分作出分析。

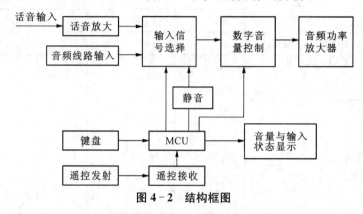

图 4-2　结构框图

（1）话音放大电路

话音放大电路如图 4-3 所示,由 MIC 放大电路和同相电压放大器组成。MIC 放大电路由 MIC1、R_1 和 C_4 组成,其输出话音电压约 20～30 mVpp,工作电流约 2～3 mA,C4 用来滤除高频干扰,以上措施可以提高话音电路抗干扰性能。同相电压放大器组成由 LM358 运放电路和 R、C 元件组成,其增益 KV＝R_7/R_9,约 34dB(52 倍);由于电源是单电源供电,R_4、R_5 组成偏置电路,这样可保证话音信号的不失真放大。用函数发生器输入 1 kHz(断开 MIC1)、20 mVpp 的正弦信号,输出端 AUDIO1 用示波器测量输出波形,通过调整 R5 阻值,使输出波形不失真电压为 1 Vpp。

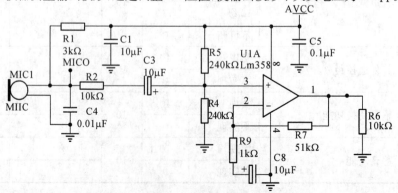

图 4-3　话音放大电路

（2）输入信号选择和数字音量控制电路

输入信号选择和数字音量控制电路如图 4-4 所示。

① 输入信号选择电路

输入信号选择电路由模拟开关 CD4053 组成，3 组-2CH 模拟开关/多路选择器。对模拟开关来说，用 TTL 逻辑电平实现输入信号 AUDIO1/2 开关切换，其重要参数是导通电阻 RON，设计时需考虑输入、输出电阻。输入端要用电容耦合隔离直流，具体参照总电路图。

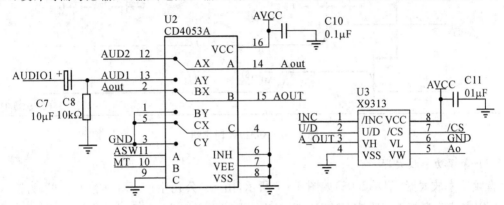

图 4-4　输入信号选择和数字音量控制电路

② 数字音量控制电路

数字音量控制电路选用 X9319W 内置 EEPRM 的非易失性数字电位器，10 kb 32 挡，其功能框图如图 4-5。对数字电位器来说，单片机控制数字电位器其编程技术依据是时序图和相应的时间参数，其时序图如图 4-6 所示，编程时可适当延长时间参数。应用方法同机械电位器，VH 为上端，VL 为下端，VW 为中心抽头。

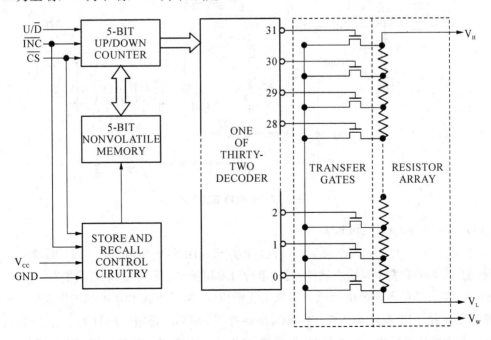

图 4-5　X9319W 功能框图

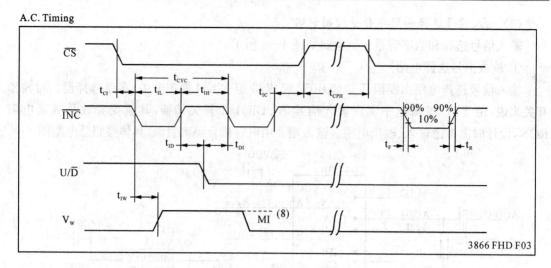

图 4 - 6　X9319W 时序图

（3）音频功率放大器

音频功率放大器（TDA2003）如图 4 - 7 所示，由 ST 公司生产，R_{11}、R_{12}、C_{12}、C_{13} 为输入电路，C_{12} 用来滤除高频干扰噪声；R_{16}、C_{19} 防止功放电路自激振荡；C_{18} 为输出电容，随着设计输出功率的增大，电容量也要相应增大，其理论依据是：$X_c = 1/j\omega C$，电容取得太小，功放电路的效率会减低；C_{14}、C_{15} 为电源滤波电路。功率放大器必须用散热器辅助散热。

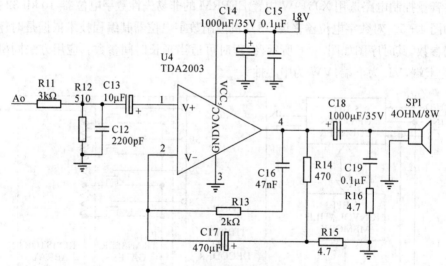

图 4 - 7　音频功率放大器

（4）单片机（MCU）控制电路

单片机（MCU）控制电路如图 4 - 8 所示，单片机选用 STC 公司产品 STC89C51，有以下优点：通过厂家网站免费下载编程软件，通过串行口编程操作十分方便；软件只能写入不能读出，保密性好，且其品种齐全价格偏低。单片机在应用时，为了提高单片机的工作稳定和负载能力，通常加上拉电阻，阻值为 4.7～10 kΩ，最好选用 SMT 的排阻。通过加一个 LED 或多个 LED 来指示单片机系统的工作状态（心跳信号）以及在程序调试时显示程序流程进展的状态，便于分析程序存在的问题。

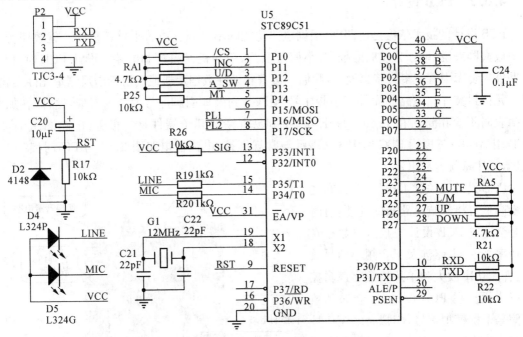

图 4 - 8 单片机(MCU)控制电路

(5) DC/DC 线性变换电路

DC/DC 线性变换电路如图 4 - 9 所示,考虑到学生时常会把输入电源接反从而烧坏 IC,在电源输入端加入极性保护二极管 D1;为提高电路板模拟小信号部分的抗干扰性能,用 U_8 (78L05)单独供电;集成稳压器(LM7805)封装为 TO - 220,其功耗:$P_c = (V_i - V_o) \times I_o$,功耗小于0.3 W时,稳压器无须加散热器;功耗大于 0.3 W 时,可考虑用散热器散热或通过输入端串联功率电阻来辅助散热,通常选用的功率电阻标称功率是电路最大消耗功率的一倍以上。由实验数据可知,集成稳压器管芯或其他 IC 温度小于 120℃,IC 是不会烧坏的。

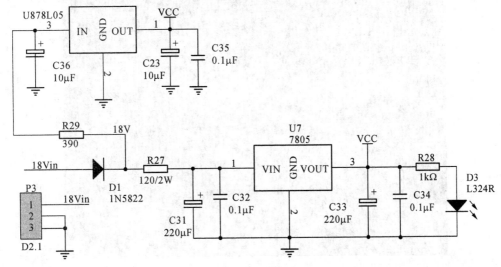

图 4 - 9 DC/DC 线性变换电路

4.3.2 PCB 设计

PCB 设计的技术依据是电路图,根据电路功能的不同划分成若干单元模块。就数控音频功率放大器来说,可分为模拟信号大、小信号电路,单片机逻辑控制电路。设计 PCB 时,PCB 元器件封装库中有许多封装都没有,我们一边查看元件数据手册或用游标卡尺测量元件实物,建立元件封装库。电路图元件库引脚序号与 PCB 封装库引脚序号要一一对应,这样,在加载网络表时不会出错。在 Protel 99SE 中,特别易混淆的几个器件是二极管,电路图用 1&2,PCB 用 A&K;三极管 EBC 用 123 来表示与常规不符;电位器电路图 2&3 与 PCB 封装 2&3 颠倒,不注意就容易出错。

PCB 设计最关键工作是布局,布局质量高低直接影响电路板的性能,有时甚至会造成 PCB 设计失败。对数控音频功率来说,电路涉及了音频小信号放大、音频功率放大和单片机数字逻辑控制三方面。在 PCB 设计时,会遇到数字信号干扰模拟信号,模拟大电流信号影响音频小信号电路以及功率放大器 PCB 设计不当会产生自激振荡等问题。比较合理的 PCB 布局如图 4 - 10、

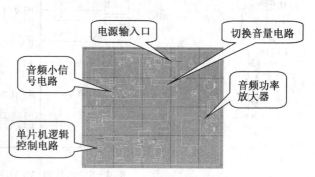

图 4 - 10　PCB 布局图

4 - 11所示。从布局图可知,电源从小信号之间输入,大电流信号不会干扰小信号电路;数字部分单独供电,排除其对模拟电路干扰;铺地线时,数字与模拟地线必须严格分离。

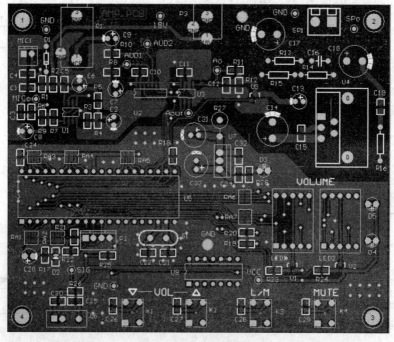

图 4 - 11　PCB 版图

4.3.3 程序调试

(1) 主程序及中断程序流程图

图 4-12 是主程序流程图,图 4-13 是中断程序流程图。

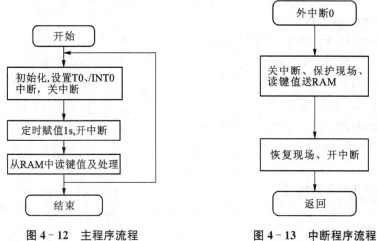

图 4-12 主程序流程   图 4-13 中断程序流程

(2) 部分程序清单

```
// #include "reg51. h"
#define uchar unsigned char
sbit mute=P1^4;                           //静音控制
static js,zong,zong1,zong2;
sbit weima1=P1^6;
sbit weima2=P1^7;
signed char b[5],jishu[32];
uchar display_code[]={0xc0,0xf9,0xa4,0xb0,0x99,0x92,0x82,0xf8,0x80,0x90,
                      0x88,0x83,0xc6,0xa1,0x86,0x8e,0xbf};
uchar display_data[16]={0,1,2,3,4,5,6,7,8,9,10,11,12,13,14,15};

void delay(void)
{
    uchar i,k;
    for(k=250;k>0;k--)
        for(i=10;i>0;i--)
        ;
}

void jiema()
{
```

```
    uchar i;
    zong1=0;
    zong2=0;
    for(i=23;i>=16;i--)                    //先传送/接收的是低位
    {
        zong1<<=1;
        zong1=zong1+jishu[i];
    }
    for(i=31;i>=24;i--)                    //先传送/接收的是低位
    {
        zong2<<=1;
        zong2=zong2+jishu[i];
    }
    if(! (zong1&zong2))
    {
        zong=zong1;
    }
}


void display()
{
    P0=0xff;
    if(! mute)
    {
        P0=display_code[display_data[b[0]/10]];//显示的是按键十六进制的键值
        weima1=0;weima2=1;
        delay();
        P0=0xff;
        P0=display_code[display_data[b[0]%10]];//显示的是按键十六进制的键值
        weima1=1;weima2=0;
        delay();
    }
    if(mute)
    {
        P0=display_code[16];                    //显示的是按键十六进制的键值
        weima1=0;weima2=1;
        delay();
        P0=0xff;
        P0=display_code[16];                    //显示的是按键十六进制的键值
```

weima1＝1；weima2＝0；

delay()；

　　　}

}

//需要补充的是当键盘按下长达108 ms时，发射端开始发送连续信号，与单次发送一样，只是header信号引导码是由9 ms的间隔加2.5 ms的脉冲组成的

4.3.4　系统调试与分析

（1）仪器设备

测试所需的仪器参考如表4-1所示。

表4-1　测试所需的仪器

序号	仪器名称	型　号	数量
1	0～20 MHz双踪示波器	CS-4125A	1台
2	低频毫伏表	TC2172	1台
3	函数信号发生器/计数器	EE1641B	1台
4	失真仪	GAD-201G	1台
5	稳压电源 30V/10A 双路	DF1731SL3A	1台
6	数字万用表	DT9205A	1台
7	负载电阻	4Ω/10W	1个

（2）功放调试接线图

① 连接图和数字按键说明（图4-14）

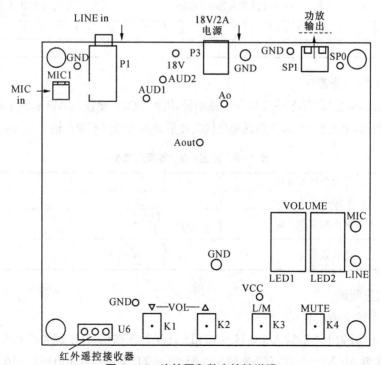

图4-14　连接图和数字按键说明

② 调试接线图(图 4 - 15)

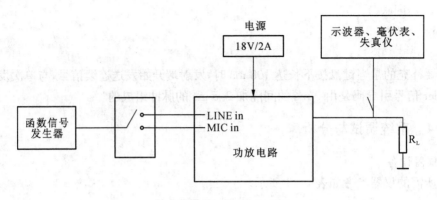

图 4 - 15　调试接线图

(3) 调试

① 机械检查

用目测检查带元件的功放电路板无虚焊、漏焊和错焊;用万用表测量电源 18 V,Vcc 与地之间无短路现象。

② 静电工作点测试

功放加上 18 V/2 A 电源后,用数字万用表测试话音放大器 U_5、功率放大器 U_4 的静态工作电压,作测试记录填入表 4 - 2,并加以分析。

表 4 - 2　静态工作点测试表

器　件	U_1:话音放大器 LM358								U_4:功率放大器 TDA2003				
引脚	1	2	3	4	5	6	7	8	1	2	3	4	5
电压值(V)													

③ 输出功率/效率测试

测试条件:L/M 置 LINE,输入 1 kHz 正弦信号,$R_L = 4\ \Omega$,音量设置 MAX,调节输入信号,用示波器观察输出波形,填入表 4 - 3,并用低频毫伏表在负载两端测量不失真输出电压 U_o。

表 4 - 3　输出功率/效率测试表

输出电压 U_o(V)	
电源电流 I_i(A)	
输出功率 P_o(W)	$P_o = \dfrac{U_o{}^2}{R_L} =$
功放效率 η	$\eta = \dfrac{P_o}{P_i} = \dfrac{P_o}{E \cdot I_i} =$

④ 频率响应测试

● 线路放大频率响应测试

测试条件:L/M 置 LINE,输入 100 Hz~15 kHz,1 Vpp 正弦信号(实调为≤0.95 V 波形不失真为标准),音量设置 MAX。用示波器观察输出波形,低频毫伏表测量输出电压 U_o,填入表 4 - 4。

表 4 - 4　LINE 输入频率响应测试表

频率 f(Hz)	100	300	1k	3k	10k	15k
U_o(V)						
带内峰谷比(dB)	$20\log\dfrac{U_o(\text{max})}{U_o(\text{min})}=$					

● 话音放大电路频率响应

测试条件：L/M 置 MIC，输入 300 Hz～3.4 kHz，20 mVpp 正弦信号，音量设置 MAX。用示波器观察输出波形，低频毫伏表测量输入电压 U_{opp}，填入表 4 - 5。

表 4 - 5　MIC 输入频率响应测试表

频率 f(Hz)	300	500	1k	2k	3k	3.4k
U_o(V)						
带内峰谷比(dB)	$20\log\dfrac{U_o(\text{max})}{U_o(\text{min})}=$					

⑤ 信噪比测试

测试条件：

● 按输出功率测试方法测定 U_{omax}（不失真）

$U_{omax}=$

● 将 LINE 输入短路，测定放大输出噪声电压 U_{smax}

$U_{smax}=$

● 计算功放信噪比

信噪比 $S/N=20\log\dfrac{U_{omax}}{U_{smax}}=$

⑥ 失真度测试

测试条件：按输出功率测试方法把输出信号调到 U_{omax}（不失真），然后调小输出功率至 $P_o=1$ W 时，测定功放失真度。

计算：$U_o=$

失真度＝

⑦ 红外遥控距离检测

测试条件：将遥控器与功放的直线距离拉至大于 7 米，遥控器控制功放的功能操作正确无误。记录下遥控距离的最大值。

遥控距离(max)＝

⑧ 功能测试

● 音量＋/－测试

每按音量"＋"或"－"一次，LED 显示同步增减，将音量显示调到"32"或"00"时，按"＋"或"－"键，LED 显示保持不变。

测试结果：＿＿＿＿＿＿＿＿

● 遥控器重复上述(1)功能测试

测试结果：＿＿＿＿＿＿＿

● LINE/MIC 切换测试

每按一次 L/M 键，输入信号 LINE/MIC 交替切换，相应 LED 指示灯同步指示。

测试结果：＿＿＿＿＿＿＿

● 静音测试

按 MUTE 键，交替控制静音/放音两种状态，可用示波器观察输出波形。

测试结果：＿＿＿＿＿＿＿

● 音量设定参数掉电保护测试

测试条件：功放正常放音时，记录示波器输出电压 U_{opp} 和音量指示等级，关闭电源，过几秒后重新开启电源，记录示波器输出电压 U_{opp} 和音量指示等级，填入表 4-6。

表 4-6　音量设定参数掉电保护测试表

关机前		重新开机	
$U_{opp}(V)$		$U_{opp}(V)$	
音量等级		音量等级	
测试结果			

⑨ 测试结果分析和结论

测试数据逐项与产品性能指标和功能进行比较，是否符合技术指标。

图 4-14　测试实物图

4.3.5　结论

五周实训对我们来说既是机遇也是挑战。五周以来，我们自己设计并制作了数控音频功率放大器，实现从之前对工艺生产不甚了解到如今亲身体会工艺生产流程的转变。至此我们已经能够完成电子产品设计、焊接、调试、故障排除到整机装配的整个过程。能按照工艺要求去安装调试印制电路板；能熟练使用常用测试仪器，如万用表、示波器、稳压电源和串口电缆的制作；能看懂电路图，并能认真阅读芯片资料；能设计印制电路板；掌握基本的电路设计与制作方法和技巧，能够独立的分析解决一般性质的问题；在设计与制作的过程中能够从经济性和环保性等方面去考虑；在设计与制作中能大胆的实践，创新，能够将自己的想法体现到实际电路当中去。

虽然实训结果是令人满意的，但是过程中我们同样遇到很多方面的问题。比如 SMT 元件的焊接、软件设计过程、电路调试的方法等等。我们通过种种途径，如相互交流、查看书籍资料、询问老师、上网搜索解决了这些问题。我们边学边做，真正牢固掌握了这些知识。这些学习的方法我们将终身受益。

从这次综合实训项目课程的学习中，我们获得了系统完整、具体的完成一个简单电子产品设计制作所需的工作能力，通过信息处理，方案比较决策，制定行动计划，实施计划任务和自我检查评价能力训练，以及团队协作配合，锻炼了自己今后职场应有的团队工作能力。

由于时间计划安排合理，因此五周的实训时间里我们是充实的，快乐的。

4.3.6　项目用元器件清单

表 4-7　元器件清单

序号	名称	代　号	规格/型号	数量	备注
1	电阻	R29	390±5%	1	0805
2	电阻	R12	510±5%	1	0805
3	电阻	R9,R19,R20,R23,R24,R28	1 kΩ±5%	6	0805
4	电阻	R1,11	3 kΩ±5%	2	0805
5	电阻	R2,R6,R8,R17,R18,R21,R22,R25,R26	10 kΩ±5%	9	0805
6	电阻	R7	51 kΩ±5%	1	0805
7	电阻	R4,R5	240 kΩ±5%	2	0805
8	电阻	R15,R16	RJ14-0.25 W-4.7±5%	2	0805
9	电阻	R14	RJ14-0.25 W-470±5%	1	0805
10	电阻	R13	RJ14-0.25 W-2 kΩ±5%	1	0805
11	电阻	R27	RY17-2 W-120±5%	1	0805

（续表）

序号	名称	代　号	规格/型号	数量	备注
12	排阻	R6,R7	470±5%	2	0603
13	排阻	RA1,RA5	4.7 kΩ±5%	2	0603
14	电容	C21,C22	22pF±5%	2	0805
15	电容	C12	2200pF±5%	1	0805
16	电容	C4	0.01 μF±5%	1	0805
17	电容	所有其余电容	0.1 μF±5%	14	0805
18	电解电容	C3,C6,C8,C13,C20,C23,C26	10 μF±20%	8	CD110-50 V
19	电解电容	C31,C33	220 μF±20%	2	CD110-25 V
20	电解电容	C17	470 μF±20%	1	CD110-25 V
21	电解电容	C14,18	1000 μF±20%	2	CD110-35 V
22	电解电容	C16	47 nF±5%	1	CL21-50 V
23	二极管	D2	LL4148	1	直插
24	二极管	D3-4	红	2	LEDΦ3
25	二极管	D5	绿	1	LEDΦ3
26	二极管	D1	1N5822	1	
27	三极管	V1-2	9012	2	
28	数码管	LED1-2	LED5011B	2	
29	晶振	G1	12 MHz	1	
30	集成电路	U7	LM7805	1	TO-220
31	集成电路	U2	CD4053	1	SO-16
32	集成电路	U3	X9313	1	SO-8
33	集成电路	U4	TDA2003	1	
34	集成电路	U1	LM358	1	SO-8
35	集成电路	U8	78L05	1	直插
36	集成电路	U5	STC89C51	1	DIP40
37	接插件	P1		1	PHONEJACK
38	接插件	MIC1		1	TJC3-2
39	接插件	P2		1	TJC3-4
40	接插件	P3		1	D2.1
41	接插件	SP1		1	JXZ508_2
42	接插件		DSJ-40	1	配 U4
43	接插件		M3X8	1	固定散热器
44	轻触开关	K1-4		4	6X6X5

4.4 相关知识附录

TDA2003

10W CAR RADIO AUDIO AMPLIFIER

DESCRIPTION

DESCRIPTION

The TDA 2003 has improved performance with the same pin configuration as the TDA 2002.

The additional features of TDA 2002, very low number of external components, ease of assembly, space and cost saving, are maintained.

The deviceprovidesa high output current capability (up to 3.5 A) very low harmonic and cross-over distortion.

Completely safe operation is guaranteed due to protection against DC and AC short circuit between all pins and ground, thermal over-range, load dump voltage surge up to 40V and fortuitous open ground.

ABSOLUTE MAXIMUM RATINGS

Symbol	Parameter	Value	Unit
V_S	Peak supply voltage(50 ms)	40	V
V_S	DC supply voltage	28	V
V_S	Operating supply voltage	18	V
I_O	Output peak current (repetitive)	3.5	A
I_O	Output peak current (non repetitive)	4.5	A
P_{tot}	Power dissipation at Tcase=90℃	20	W
T_{stg}, T_j	Storage and junction tememperature	−40 to 150	℃

TEST CIRCUIT

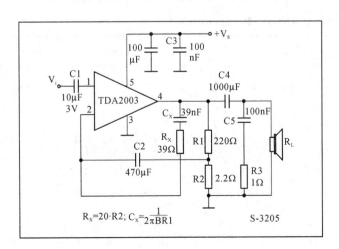

PIN CONNECTION(top view)

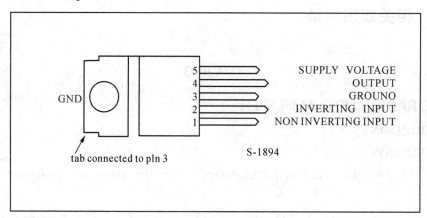

GND

5   SUPPLY VOLTAGE
4   OUTPUT
3   GROUNO
2   INVERTING INPUT
1   NON INVERTING INPUT

tab connected to pln 3

S-1894

DC CHARACTERISTICS(Refer to DC test circuit)

V_s	Supply voltage		8		18	V
V_o	Quiescent output voltage(pin 4)		6.1	6.9	7.7	V
I_d	Quiescent drain current(pin 5)			44	50	mA

AC CHARACTERISTICS(Refer to AC test circuit，$G_V=40$ dB)

P_o	Output power	$d=10\%$ $f=1$ kHz $R_L=4\ \Omega$	5.5	6		W
		$R_L=2\ \Omega$	9	10		W
		$R_L=3.2\ \Omega$		7.5		W
		$R_L=1.6\ \Omega$		12		W
$V_{i(rms)}$	Input saturation voltage		300			mV
V_i	Input sensitivity	$f=1$ kHz				
		$P_o=0.5$ W $R_L=4\ \Omega$		14		mV
		$P_o=6$ W $R_L=4\ \Omega$		55		mV
		$P_o=0.5$ W $R_L=2\ \Omega$		10		mV
		$P_o=10$ W $R_L=2\ \Omega$		50		mV

ELECTRICAL CHARACTERISTICS(continued)

Symbol	Parameter	Test conditions	Min.	Typ.	Max.	Unit
B	Frequency response(-3 dB)	$P_o=1$ W $R_L=4\ \Omega$		$40\sim15,000$		Hz
d	Distortion	$f=1$ kHz $P_o=0.05\sim4.5$ W $R_L=4\ \Omega$		0.15		%
		$P_o=0.05\sim7.5$ W $R_L=2\ \Omega$		0.15		%
R_i	Input resistance(pin 1)	$f=1$ kHz	70	150		kΩ

Symbol	Parameter	Test conditions	Min.	Typ.	Max.	Unit
G_V	Voltage gain(open loop)	$f=1\,\text{kHz}$ $f=10\,\text{kHz}$		80 60		dB dB
G_V	Voltage gain(closed loop)	$f=1\,\text{kHz}$ $R_L=4\,\Omega$	39.3	40	40.3	dB
e_N	Input noise voltage　(0)			1	5	μV
i_N	Input noise current　(0)			60	200	pA
η	Efficiency	$f=1\,\text{Hz}$ $P_o=6\,\text{W}$　　$R_L=4\,\Omega$ $P_o=10\,\text{W}$　　$R_L=2\,\Omega$		 69 65		 % %
SVR	Supply voltage rejection	$f=100\,\text{Hz}$ $V_{\text{ripple}}=0.5\,\text{V}$ $R_g=10\,\text{k}\Omega$　　$R_L=4\,\Omega$	 30	 36		 dB

(0) Filter with noise bandwidth: 22 Hz to 22 kHz

X9313

Linear, 32 Taps, 3 Wire Interface, Terminal Voltages ± VCC

The Intersil X9313 is a digitally controlled potentiometer(XDCP). The device consists of a resistor array, wiper switches, a control section, and nonvolatile memory. The wiper position is controlled by a 3-wire interface.

The potentiometer is implemented by a resistor array composed of 31 resistive elements and a wiper switching network. Between each element and at either end are tap points accessible to the wiper terminal. The position of the wiper element is controlled by the CS, U/D, and INC inputs.

The position of the wiper can be stored in nonvolatile memory and then be recalled upon a subsequent power-up operation.

The device can be used as a three-terminal potentiometer or as a two-terminal variable resistor in a wide variety of applications including:

- Control
- Parameter adjustments
- Signal processing

Features

- Solid-state potentiometer
- 3-wire serial interface
- 32 wiper tap points
- Wiper position stored in nonvolatile memory and recalled on power-up
- 31 resistive elements

- Temperature compensated

- End-to-end resistance range $\pm 20\%$

- Terminal voltages, $-VCC$ to $+VCC$

● Low power CMOS

- VCC $= 3$ V or 5 V

- Active current, 3 mA max.

- Standby current, $500\ \mu A$ max.

● High reliability

- Endurance, $100,000$ data changes per bit

- Register data retention, 100 years

● RTOTAL values $= 1\ k\Omega$, $10\ k\Omega$, $50\ k\Omega$

● Packages

- 8 Ld SOIC, 8 Ld MSOP and 8 Ld PDIP

● Pb-free available (RoHS compliant)

Block Diagram

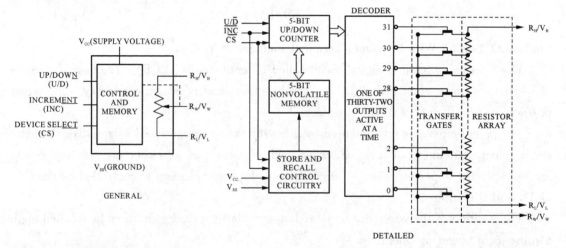

Ordering Information

PART NUMBER	PART MARKING	V_{CC} RANGE (V)	R_{TOTAL} (kΩ)	TEMPERATURE RANGE (℃)	PACKAGE	PKG. DWG. #
X9313UMI	13UI			$-40\sim+85$	8 Ld MSOP	M8. 118
X9313UMIZ(Note)	DDB			$-40\sim+85$	8 Ld MSOP(Pb-free)	M8. 118
X9313UP	X9313UP			$0\sim+70$	8 Ld PDIP	MDP0031
X9313US*·***	X9313U	4. 5 to 5. 5	50	$0\sim+70$	8 Ld SOIC	MDP0027
X9313USZ* (Note)	X9313U Z			$0\sim+70$	8 Ld SOIC(Pb-free)	M8. 15
X9313USI	X9313U I			$-40\sim+85$	8 Ld SOIC	MDP0027
X9313USIZ (Note)	X9313U ZI			$-40\sim+85$	8 Ld SOIC(Pb-free)	M8. 15

PART NUMBER	PART MARKING	V_{CC} RANGE (V)	R_{TOTAL} (kΩ)	TEMPERATURE RANGE (℃)	PACKAGE	PKG. DWG. #
X9313WMZ（Note）	DDF			0～+70	8 Ld MSOP(Pb-free)	M8.118
X9313WMI*	13WI			−40～+85	8 Ld MSOP	M8.118
X9313WMIZ*（Note）	DDE			−40～+85	8 Ld MSOP(Pb-free)	M8.118
X9313WP	X9313WP			0～+70	8 Ld PDIP	MDP0031
X9313WPZ-3	X9313WP ZD			−40～+85	8 Ld PDIP*** (Pb-free)	MDP0031
X9313WPI	X9313WP I		10	−40～+85	8 Ld PDIP	MDP0031
X9313WPIZ	X9313WP ZI			−40～+85	8 Ld PDIP*** (Pb-free)	MDP0031
X9313WS*·***	X9313WS			0～+70	8 Ld SOIC	MDP0027
X9313WSZ*·***（Note）	X9313W Z			0～+70	8 Ld SOIC(Pb-free)	M8.15
X9313WSI*·***	X9313WS I			−40～+85	8 Ld SOIC	MDP0027
X9313WSIZ*（Note）	X9313WS ZI	4.5 to 5.5		−40～+85	8 Ld SOIC(Pb-free)	M8.15
X9313ZM	313Z			0～+70	8 Ld MSOP	M8.118
X9313ZMZ（Note）	DDJ			0～+70	8 Ld MSOP(Pb-free)	M8.118
X9313ZMI*·***	13ZI			−40～+85	8 Ld MSOP	M8.118
X9313ZMIZ*·***（Note）	DDH			−40～+85	8 Ld MSOP(Pb-free)	M8.118
X9313ZP	X9313ZP			0～+70	8 Ld PDIP	MDP0031
X9313ZPI	X9313ZP I		1	−40～+85	8 Ld PDIP	MDP0031
X9313ZPIZ（Note）	X9313ZP ZI			−40～+85	8 Ld PDIP*** (Pb-free)	MDP0031
X9313ZS*·***	X9313ZS			0～+70	8 Ld SOIC	MDP0027
X9313ZSZ*·***（Note）	X9313 Z			0～+70	8 Ld SOIC(Pb-free)	M8.15
X9313ZSI*	X9313ZS I			−40～+85	8 Ld SOIC	MDP0027
X9313ZSIZ*（Note）	X9313ZS ZI			−40～+85	8 Ld SOIC(Pb-free)	M8.15
X9313UM-3T1	13UD			0～+70	8 Ld MSOP Tape and Reel	M8.118
X9313UMZ-3T1（Note）	DDD		50	0～+70	8 Ld MSOP Tape and Reel(Pb-free)	M8.118
X9313UMI-3*	13UE	3～5.5		−40～+85	8 Ld MSOP	M8.118
X9313US-3*·***	X9313U D			0～+70	8 Ld SOIC	MDP0027
X9313USZ-3*·***（Note）	X9313U ZD			0～+70	8 Ld SOIC(Pb-free)	M8.15
X9313WM-3*	13WD			0～+70	8 Ld MSOP	M8.118
X9313WMZ-3*（Note）	DDG		10	0～+70	8 Ld MSOP(Pb-free)	M8.118
X9313WMI-3*	13WE			−40～+85	8 Ld MSOP	M8.118

PART NUMBER	PART MARKING	V_{CC} RANGE (V)	R_{TOTAL} (kΩ)	TEMPERATURE RANGE (℃)	PACKAGE	PKG. DWG. #
X9313WMIZ-3* (Note)	13WEZ			−40～+85	8 Ld MSOP(Pb-free)	M8. 118
X9313WS-3*·***	X9313W D		10	0～+70	8 Ld SOIC	MDP0027
X9313WSZ-3* (Note)	X9313W ZD			0～+70	8 Ld SOIC(Pb-free)	M8. 15
X9313ZM-3*	13ZD			0～+70	8 Ld MSOP	M8. 118
X9313ZMZ-3* (Note)	DDK			0～+70	8 Ld MSOP(Pb-free)	M8. 118
X9313ZMI-3*	13ZE			−40～+85	8 Ld MSOP	M8. 118
X9313ZMIZ-3* (Note)	13ZEZ	3～5. 5		−40～+85	8 Ld MSOP(Pb-free)	M8. 118
X9313ZP-3	X9313ZP D		1	0～+70	8 Ld PDIP	MDP0031
X9313ZPZ-3(Note)	X9313ZP ZD			0～+70	8 Ld PDIP(Pb-free)***	MDP0031
X9313ZS-3*·***	X9313Z D			0～+70	8 Ld SOIC	MDP0027
X9313ZSZ-3* (Note)	X9313Z ZD			0～+70	8 Ld SOIC(Pb-free)	M8. 15
X9313ZSI-3*	X9313Z E			−40～+85	8 Ld SOIC	MDP0027
X9313ZSIZ-3* (Note)	X9313Z ZE			−40～+85	8 Ld SOIC(Pb-free)	M8. 15

Pin Descriptions
RH/VH and RL/VL

The high（RH/VH）and low（RL/VL）terminals of the X9313 are equivalent to the fixed terminals of a mechanical potentiometer. The terminology of RL/VL and RH/VH references the relative position of the terminal in relation to wiper movement direction selected by the U/D input and not the voltage potential on the terminal.

RW/VW

RW/VW is the wiper terminal and is equivalent to the movable terminal of a mechanical potentiometer. The position of the wiper within the array is determined by the control inputs. The wiper terminal series resistance is typically 40 Ω at VCC = 5 V.

Up/Down（U/D）

The U/D input controls the direction of the wiper movement and whether the counter is incremented or decremented.

Increment（INC）

The INC input is negative-edge triggered. Toggling INC will move the wiper and either increment or decrement the counter in the direction indicated by the logic level on the U/D input.

Chip Select（CS）

The device is selected when the CS input is LOW. The current counter value is stored in nonvolatile memory when CS is returned HIGH while the INC input is also HIGH. After the store operation is complete，the X9313 will be placed in the low power standby mode until the device is selected once Again.

Pinouts

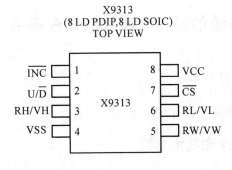

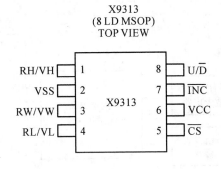

项目 5　基于 FPGA 的液位监控系统的设计与制作

5.1　液位监控系统的设计与制作教学任务书

5.1.1　综合实训项目任务

基于 FPGA 的液位监控系统设计与制作

5.1.2　项目控制要求和技术参数

设计并制作一个基于 FPGA 的液位监控系统,系统框图如图 5-1 所示。

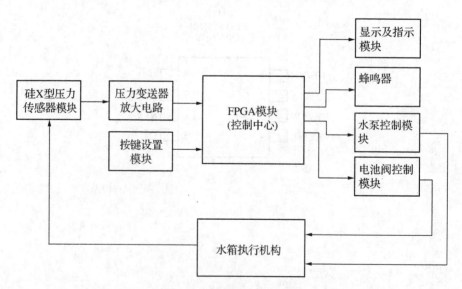

图 5-1　液位监控系统框图

采用 FPGA 为微控制器,对水箱液位升降进行开关量的控制,并进行液位高度的模拟量测量,实时显示液位高度值。使用硅 X 型压力传感器对水箱的液位高度进行测量,并转换为电压量。因压力传感器采集的输出电压量为毫伏级比较小,需经过压力变送器电路把微小的电信号进行放大处理。再把放大后的电信号送给 FPGA 进行测量,采用串行高精度的 AD7991 模数转换芯片采集水位高度的电信号,经过实际水位与预置高度的误差,通过 DO 数字量输出口控制泵水和排水的两种状态,即控制水泵和电磁阀的通断,即可对水箱液位高度进行控制。

先指定水箱液位的上极限高度和下极限高度,测出它们经过压力传感器变送回来的电压值,可通过 AD 转换电路输出的二进制数表示的电压得到。当水箱液位大于上极限水位时,电磁阀工作,水箱放水,水位下降;当水箱液位小于上极限值时,水泵工作,水箱泵水,水位上升;当大于上限值时又放水,如此循环,即可达到水箱液位开关量的控制。因为只有两个状态,所以可以用继电器的通断去控制电磁阀和水泵的工作状态。

达到的功能要求如下:

1. 开机后,系统进入液位检测状态,数码管实时显示液位高度,指示灯显示工作状态(泵水、停止、排水、报警);

2. 键 1 为手动启停水泵的切换键,键 2 为手动启停电磁阀的切换键;

3. 按下键 3(设置键)进入液面控制模式,设定 4 位有效数目标液位高度,按确认键(键 1)后,液位达到设定高度;按取消键(键 2)后,液位高度维持当前状态;

4. 按下键 4(设置键)进入液面极限水位设置模式,依次设定上极限水位和上极限水位,按确认键(键 1)后,设置有效;按取消键(键 2)后,取消当前设置;

5. 液位高度超过上限值(130 mm)或低于下限值(60 mm)时,工作状态指示"报警"且以 2Hz 频率闪烁。

完成如下参数的测量,具体见下表。

参数表

序号	指标名称	指标要求
(1)	液位上、下限的设定	60 mm~130 mm
(2)	液位高度定位精度	≤±3 mm
(3)	液位稳定时间	≤5 s

5.1.3　其他技术要求

设计需考虑电路结构的简捷、材料成本低廉、调试测量方便等因素。

5.2 液位监控系统的设计与制作学习指导

5.2.1 综合实训项目计划安排

步骤	项目名称	学生	老师	时间	场地
一 方案设计	一、液位监控系统的总体方案设计	1. 了解项目背景及应用； 2. 分析项目的技术要求、技术参数和技术指标； 3. 资料查询，设计初步方案； 4. 方案研讨，电路和软件流程草图形成； 5. 确定设计方案。	讲授、指导、答疑、提供部分资料 XC6SLX9. pdf、 MPX100P. pdf	3 天	机房
二 计划	二、元器件选择	1. 根据控制方案选择元器件； 2. 分析对比元器件的性价比； 3. 对各部分电路进行功能和数据分析，确立最终方案。	讲授指导答疑	3 天	机房
三 实施	三、绘制电路原理图	1. 用 Protel 99SE 软件电路图； 2. 特殊元器件的绘制入库； 3. 元器件和接插件明细表； 4. 元器件采购与检验，工作安排。	指导答疑	3 天	机房
	四、绘制印制电路板图	1. 用 Protel 99SE 软件绘制印制电路板图； 2. 特殊封装的制作入库、电源和地线绘制等； 3. 印制电路板文件输出。	指导答疑	3 天	
	五、制作印制电路板	根据印制电路板图制作印制电路板。	指导答疑 (可选：可选择在外面加工 PCB 板)	1 天	PCB 实训室
	六、安装液位监控系统	根据工艺要求安装数字稳压电源和印制电路板。	指导答疑	1 天	流水线
	七、绘制流程图，上机调试程序	1. 硬件的安装与测试； 2. 键盘与显示部分软件调试； 3. AD7991 软件和 M93C66 软件调试； 4. 软/硬件联调，使之满足设计要求； 5. 程序优化，完整功能实现。	指导答疑 (可选若在外面加工板子，由在此加 1 天)	7 天	机房
	八、整理技术资料	1. 整理液位监控系统的技术参数； 2. 整理相关的技术图纸； 3. 整理保存电子资料； 4. 编制数字液位监控系统的使用说明书。	指导答疑	2 天	机房

（续表）

步骤	项目名称	学生	老师	时间	场地
四 检 查	九、项目验收	1. 由指导教师和学生代表组成项目验收小组； 2. 对照数字液位监控系统的技术要求，通电测试每一项功能； 3. 记录每一项功能的测试结果。	组织实施	1天	流水线
五 评 估	十、总结报告	1. 整理出相关技术文件； 2. 总结项目训练过程的经验和体会。	组织实施	1天	多媒体教室

设计评审/验证/确认记录

项目编号：　　　　　　　评审日期：　年　月　日　　记录编号№

产品/项目名称		项目类型	
评审方式	□更改评审；□阶段评审；□设计验证；□设计确认；□其他＿＿＿＿＿		
组织部门		主持人	
评审主题			

评审内容和记录

　　以下评审内容在适用情况下，可以包括但不限于：立项评审 1—8；阶段评审 5—14；设计更改 10—15；设计验证 15—21；设计确认 22—25；对其中不适用的内容请划"/"；另有内容在空白处补充。

评审内容	评审意见	评审内容	评审意见
市场/客户要求		结构/电路/原理	
公司产品开发要求		生产/工艺可行性	
遵循行业标准要求		设计文件的齐套正确	
技术/经济可行性		物料清单的正确性	
设计开发能力		设备设施的适用性	
组织技术接口		试生产品质情况	
总体技术规范		输出和输入的符合性	
计划进度和开发周期		相关设计验证情况	
初次样品		型式试验情况	
正式样品		定型鉴定	
样品测试情况		产品满足使用情况	
技术复用情况		相关设计确认	
设计更改可行性			

综合意见			记录人	
相关要求描述				
参与评审的部门和人员签名				

5.2.2　学生工作过程记录表

学习工作单 1

学习领域:电子产品系统设计综合实训	学习情境: 基于 XC6SLX9 型 FPGA 的液位监控系统设计与制作	任务单元:总体方案设计

姓名_____班级_____学号_____日期_____

组员姓名_____

1. 写出基于 XC6SLX9 型 FPGA 的液位监控系统设计与制作的设计要求,明确设计任务。
2. 根据设计要求,小组讨论分析存在的主要障碍和困难,解决这些困难和障碍的措施有哪些?

参考文献

学习过程中的主要问题及解决措施

教师评阅

学习工作单 2　　　　　　　　　　　　　记录编号№

学习领域:电子产品系统设计综合实训	学习情境：基于 XC6SLX9 型 FPGA 的液位监控系统设计与制作	任务单元:总体方案设计

姓名_____班级_____学号_____日期_____

组员姓名_____

1. 给出液位监控系统的 2 个方案框图,并简要说明每个方案的优缺点。

资料查阅统计

网站:
主要内容:

期刊名称:
主要内容:

学习过程中的主要问题及解决措施

教师评阅

学习工作单 3

学习领域:电子产品系统设计综合实训	学习情境：基于 XC6SLX9 型 FPGA 的液位监控系统设计与制作	任务单元:总体方案设计

姓名_____ 班级_____ 学号_____ 日期_____

组员姓名_____

1. 确定基于 XC6SLX9 型 FPGA 的液位监控系统设计与制作的方案,根据方案选择主要元器件。

资料查阅统计

网站:
主要内容:

期刊名称:
主要内容:

学习过程中的主要问题及解决措施

教师评阅

学习工作单 4　　　　　　　　　　记录编号№

学习领域:电子产品系统设计综合实训	学习情境：基于 XC6SLX9 型 FPGA 的液位监控系统设计与制作	任务单元:元器件选择

姓名_____班级_____学号_____日期_____

组员姓名_____

(1) 查阅芯资料,完成元器件参数性能表。

元器件参数性能表　　　　　　　　　　记录编号№

序号	规格型号	标识图形	主要参数及功能特点	封装	价格	制造商	可替换的型号
	AD7991						
	XC6SLX9						
	M93C66						
	TL084						
	UA741						
	MPX100P						

(2) 给出元器件参数性能表中每个芯片的典型应用电路。

资料查阅统计

网站:
主要内容:

期刊名称:
主要内容:

学习过程中的主要问题及解决措施

教师评阅

学习工作单 5

学习领域:电子产品系统设计综合实训	学习情境:基于 XC6SLX9 型 FPGA 的液位监控系统设计与制作	任务单元:完整电路设计

姓名＿＿＿＿＿＿班级＿＿＿＿＿＿学号＿＿＿＿＿＿＿日期＿＿＿＿＿＿

组员姓名＿＿＿＿＿＿＿＿＿＿＿＿＿＿＿＿＿＿＿

1. 画出液位监控系统完整电路图并确定元器件参数,给出详细设计过程(提示:以模块功能电路为设计单元)。

资料查阅统计

网站:
主要内容:

期刊名称:
主要内容:

学习过程中的主要问题及解决措施

教师评阅

　　　　　　　　　　　　　　记录编号No

学习领域:电子产品系统设计综合实训	学习情境:基于 XC6SLX9 型 FPGA 的液位监控系统设计与制作	任务单元:印制电路板元器件安装

姓名_____班级_____学号_____日期_____

组员姓名_____

1. 写出印制电路板装配流程。

2. 焊接过程中要注意哪些事项?

资料查阅统计

网站:

主要内容:

期刊名称:

主要内容:

学习过程中的主要问题及解决措施

教师评阅

学习工作单 7   记录编号№

学习领域:电子产品系统设计综合实训	学习情境：基于 XC6SLX9 型 FPGA 的液位监控系统设计与制作	任务单元:印制电路板调试

姓名＿＿＿＿＿＿班级＿＿＿＿＿＿学号＿＿＿＿＿＿日期＿＿＿＿＿＿

组员姓名＿＿＿＿＿＿＿＿＿＿＿＿＿＿＿＿＿＿＿

1. 写出印制电路板调试流程。
2. 硬件调试过程中要注意哪些事项？
3. 硬件调试过程中出现的故障及解决措施。
4. 硬件调试过程中最难问题是什么？

资料查阅统计

网站：
主要内容：

期刊名称：
主要内容：

学习过程中的主要问题及解决措施

教师评阅

学习工作单 8 记录编号№

学习领域:电子产品系统设计综合实训	学习情境:基于 XC6SLX9 型 FPGA 的液位监控系统设计与制作	任务单元:水泵及电磁阀、数码管显示编程

姓名_____班级_____学号_____日期_____

组员姓名_____

1. 在数码管上显示出数据"1234",要求给出源代码和流程图。
2. 手动按键实现水泵的泵水和电磁阀的排水。

资料查阅统计

网站:
主要内容:

期刊名称:
主要内容:

学习过程中的主要问题及解决措施

教师评阅

学习领域:电子产品系统设计综合实训	学习情境:基于 XC6SLX9 型 FPGA 的液位监控系统设计与制作	任务单元:总体方案设计按键及 EEPROM 程序编程

姓名＿＿＿＿＿＿＿班级＿＿＿＿＿＿＿学号＿＿＿＿＿＿＿＿日期＿＿＿＿＿＿＿

组员姓名＿＿＿＿＿＿＿＿＿＿＿＿＿＿＿＿＿＿＿＿＿＿

1. 长按设定键进入设置模式,通过按键实现数据的按位增加和减少功能,被调整位闪烁显示,要求给出源代码和流程图。

2. 设置完成后将上下限设定值写入 EEPROM 中,并将结果显示在数码管中,要求画出程序流程图及写出源代码。

资料查阅统计

网站:
主要内容:

期刊名称:
主要内容:

学习过程中的主要问题及解决措施

教师评阅

学习工作单 10　　　　　　　　　　　　记录编号№

学习领域:电子产品系统设计综合实训	学习情境：基于 XC6SLX9 型 FPGA 的液位监控系统设计与制作	任务单元:AD 采样程序编程

姓名_____班级_____学号_____日期_____

组员姓名_____

1. 学习 AD7991 的通讯模式。

2. 请编写驱动程序通过 AD7991 实现对压力信号的 AD 采样,通过 LED 灯指示验证 AD 采样的准确度。要求画出程序流程图及给出源代码。

资料查阅统计

网站:
主要内容:

期刊名称:
主要内容:

学习过程中的主要问题及解决措施

教师评阅

学习领域:电子产品系统设计综合实训	学习情境：基于 XC6SLX9 型 FPGA 的液位监控系统设计与制作	任务单元:软件、硬件联调

姓名_____班级_____学号_____日期_____

组员姓名_____

1. 将 FPGA 核心板、电机驱动板与液位系统进行装配。
2. 手动控制水泵和电磁阀的工作实现液位高度的变化,通过 AD 采样显示液位高度,划分区间验证数据的线性度。
3. 根据设定值动态调整实现液位高度的准确定位,记录稳定精度。
4. 对步骤 2 和步骤 3 的软件程序要求画出程序流程图及给出源代码。

资料查阅统计

网站:
主要内容:

期刊名称:
主要内容:

学习过程中的主要问题及解决措施

教师评阅

一周学习总结表

学院名称： 　　　　　　　　　　　　　　编号：

姓名		学号		班级	

时间:从＿＿＿＿＿到＿＿＿＿＿　　　第＿＿学年第＿＿＿学期第＿＿周

星期	学习内容	备注
星期一		
星期二		
星期三		
星期四		
星期五		

本周学生学习自我评估：

　　　　　　　　　　　　　　　　　学生签名：　　　　时间：

5.2.3 元件清单表

单位	份数	序号	幅面	代号	名称	装　入		总数量	备注	更改
						代号	数量			
		1								
		2								
		3								
		4								
		5								
		6								
		7								
		8								
		9								
		10								
		11								
		12								
		13								
		14								
		15								
		16								
		17								
		18								
		19								
		20								
		21								
		22								
		23								
		24								
		25								
		26								
		27								
		28								
		29								
旧底图总号		30								

日期	签名			拟　制			液位监控系统设计
				审　核			

更改标记	数量	更改单号	签名	日期		第　1　页

格式(5a)　　　　　　　描图　　　　　　　幅面

5.2.4 测试记录与评分表

液位监控系统设计测试记录与评分表

班级：_____ 组号：_____ 小组成员：_____ 时间：_____

类型	序号	项目与指标			满分	测试记录	评分	备注
基本要求	1	开机后,系统进入液位检测状态,数码管实时显示液位高度,指示灯显示工作状态（泵水、停止、排水、报警）	实现全部功能	10	10			
			实现部分功能	5				
			不能实现功能	0				
		手动控制水泵	实现	5	5			
			不实现	0				
		手动控制电磁阀	实现	5	5			
			不实现	0				
		液面极限水位设置模式,液位高度超过上限值（130 mm）或低于下限值（60 mm）时报警	实现完整功能	10	10			
			不能报警	8				
			不能写入 EEPROM	6				
			不能实现功能	0				
		液位控制模式	高度误差≤±3 mm	10	10			
			高度误差＞±3 mm	5				
			不可控制	0				
		液位稳定时间	≤5 s	10	10			
			＞5 s	5				
			液位不稳定	0				

5.3 XC6SLX9 型 FPGA 实验平台介绍

EDA 实验平台采用模块化组合方式构成,包括核心板、通讯板和显示板。本实训项目采用核心板和液位监控板（包括显示及输入模块）的组合。

5.3.1 核心板概述

核心板上包含了 FPGA 芯片的最小系统和一些常用的扩展接口。主芯片使用"XC6SLX9 - TQG144","W25Q128BV"型 8M 大小 flash 存储器,"LM2576 - 5V"、"LM1117 - 3.3V"和

"LM1117 - 1.2V"型 DC - DC 电源管理芯片,"M93C66"型 4K 大小 EEPROM,"DAC12S101"型 12 位串行 DAC,"AD7991"型 4 通道 12 位串行 ADC。

通讯板包括串口、USB 口、MCP79410 实时时钟、独立键盘、行列式键盘,两组 4 位一体的数码管。

显示板包括"DAC7625"型 12 位并口 DAC,"ADS7842"12 位四通道并口 ADC,独立键盘、行列式键盘。

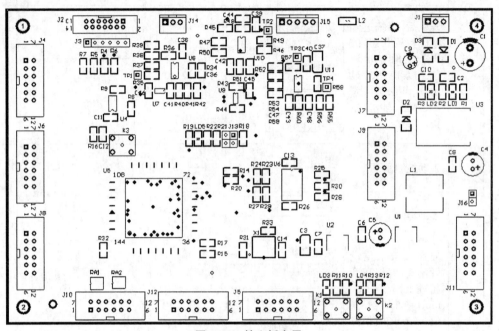

图 5 - 2 核心板布局

表 1 核心板主要元器件明细

序号	元件符号	型号	名称	序号	元件符号	型号	名称
1	U1	LM1117 - 3.3	电源	6	U6	W25Q128BVFG	flash
2	U2	LM1117 - 1.2	电源	7	U7	DAC121S101	12 位串口 DA
3	U3	LM2576 - 5	电源	8	U8、U10、U11	TL082	运放
4	U4	MC93C66	EEPROM	9	U9	AD7991	12 位串口 AD
5	U5	XC6SLX9	FPGA				

5.3.2 核心板接口介绍

符号	引脚号	接法	FPGA 引脚	符号	引脚号	接法	FPGA 引脚
J1 (电源)	1	-12V			1	DA_out1	
	2	GND		J14	2	DA_out2	
	3	12V			3	GND	

符号	引脚号	接法	FPGA 引脚	符号	引脚号	接法	FPGA 引脚
J2 (JTAG1)	1,3,5,7,9,11,13	GND		J3 (JTAG2)	1	TMS	P107
	2	3.3 V			2	TDI	P110
	4	TMS	P107		3	TDO	P106
	6	TCk	P109		4	TCK	P109
	8	TDO	P106		5	GND	
	10	TDI	P110		6	3.3V	
J4	1	JA1	P111	J5	1	JF1	P23
	2	JA2	P115		2	JF2	P26
	3	JA3	P117		3	JF3	P29
	4	JA4	P119		4	JF4	P32
	5,11	JA5,JA11			5,11	JF5,JF11	
	6,12	JA6,JA12			6,12	JF6,JF12	
	7	JA7	P112		7	JF7	P22
	8	JA8	P114		8	JF8	P24
	9	JA9	P116		9	JF9	P27
	10	JA10	P118		10	JF10	P30
J6	1	JB1	P121	J7	1	JG1	P83
	2	JB2	P124		2	JG2	P81
	3	JB3	P127		3	JG3	P79
	4	JB4	P132		4	JG4	P75
	5,11	JB5,JB11			5,11	JG5,JG11	
	6,12	JB6,JB12			6,12	JG6,JG12	
	7	JB7	P120		7	JG7	P82
	8	JB8	P123		8	JG8	P80
	9	JB9	P126		9	JG9	P78
	10	JB10	P131		10	JG10	P74
J8	1	JC1	P134	J9	1	JH1	P101
	2	JC2	P138		2	JH2	P66
	3	JC3	P140		3	JH3	P58
	4	JC4	P142		4	JH4	P56
	5,11	JC5,JC11			5,11	JH5,JH11	
	6,12	JC6,JC12			6,12	JH6,JH12	
	7	JC7	P133		7	JH7	P67
	8	JC8	P137		8	JH8	P59
	9	JC9	P139		9	JH9	P57
	10	JC10	P141		10	JH10	P55

符号	引脚号	接法	FPGA 引脚	符号	引脚号	接法	FPGA 引脚
J10	1	JD1	P1	J11	1	JI1	P50
	2	JD2	P5		2	JI2	P47
	3	JD3	P7		3	JI3	P45
	4	JD4	P9		4	JI4	P43
	5,11	JD5,JD11			5,11	JI5,JI11	
	6,12	JD6,JD12			6,12	JI6,JI12	
	7	JD7	P143		7	JI7	P48
	8	JD8	P2		8	JI8	P46
	9	JD9	P6		9	JI9	P44
	10	JD10	P8		10	JI10	P41
J12	1	JE1	P11	J13	1,3	3.3V	
	2	JE2	P14		2	MODLE1	P60
	3	JE3	P16		4	MODLE0	P69
	4	JE4	P21	J15	1	AD_vin0	
	5,11	JE5,JE11			2	AD_vin1	
	6,12	JE6,JE12			3	AD_vin2	
	7	JE7	P10		4	REF/AV3	
	8	JE8	P12		5	GND	
	9	JE9	P15	J16	1	5V	
	10	JE10	P17		2	GND	

5.4　液位监控系统的设计与制作技术报告

5.4.1　方案认证与电路设计

本实训项目采用压力传感器对水箱的液位信号进行提取、微小液位电信号的处理、FPGA 通过专用的 AD 采样芯片对处理后的液位信号进行读取，根据工作要求实时控制水泵和电磁阀的动作、限位报警功能、极限水位设置与存储等。图 5-3 给出了水箱液位控制系统的结构框图。

将硅 X 型压力传感器 MPX100P 输出的微小压力信号送压力变送器电路进行放大后，送给 FPGA 进行 AD 采样，对应为水位高度和压力的电信号，经过判断把上水和排水的两种状态通过数字量输出口输出控制水泵和电磁阀的通断，对水箱液位高度进行控制。

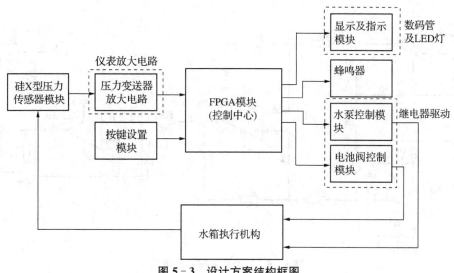

图 5-3 设计方案结构框图

（1）电源模块

电源模块如图 5-4 所示，输入电源为±12 V，输出电源为±5 V。选用 LM7805 和 LM7905 电源芯片，输出电流可达 1.5 A。二极管 D1、D2 可防止电源极性接反，滤波电容 C1、C3 采用 47 μF 的铝电解电容，标称耐压值高于实际承受电压的 1.5～2 倍，取 25 V。R79、R80 为限流功率电阻。输出滤波电容 C5、C7 选择耐压值为 10 V、容量为 220 μF 的铝电解电容。

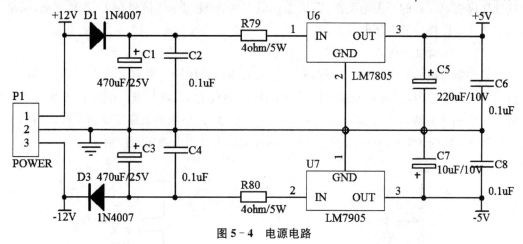

图 5-4 电源电路

（2）压力变送器放大电路

压力变送器放大电路如图 5-5 所示，采用三运放组成的仪表放大器对压力变送信号进行放大。仪表放大器是一种具有差分输入和相对参考端单端输出的闭环增益单元。两个输入端阻抗平衡且阻值很高，输入偏置电流很低。仪表放大器是在有噪声的环境下放大小信号的器件，其本身具有低漂移、低功耗、高共模抑制比、宽电源供电范围及小体积等一系列优点，它利用的是差分小信号叠加在较大的共模信号之上的特性，能够去除共模信号，而又同时将差分信号放大。

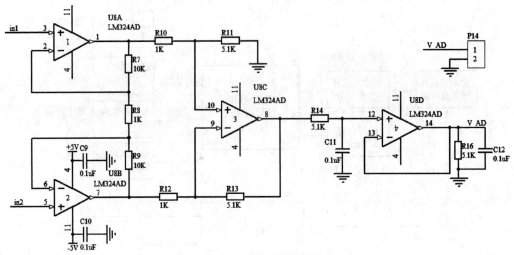

图 5-5　压力变送器放大电路

设水箱液位高度变化范围为 $0\sim15$ mm，MPX100 型压力传感器信号输出信号（V_{in1} － V_{in2}）大约在 $10\sim30$ mV，传感器供电电压 5 V，工作电流约 6 mA。在上述电路中，设定 $R_7 = R_9$，$R_{10} = R_{12}$，$R_{11} = R_{13}$，$V_o = (V_{in1} - V_{in2})\left(1 + 2\dfrac{R_7}{R_8}\right)\left(\dfrac{R_{11}}{R_{10}}\right)$，差模信号（$V_{in1} - V_{in2}$）加在 R8 两端，通过输入端运放获得增益；对共模信号而言，在 R8 两端产生相同的电位，不得获得增益。合理选择仪表放大器的外围电路阻值，增益近似 100 倍，输出电压信号在 $1\sim3$ V 之间，满足核心板上 AD 采样模块的电压要求。

（3）执行机构驱动电路

水箱的执行机构有水泵和电磁阀，分别起泵水和卸荷作用。水泵电机为 12 V 直流电机，通过对实现通断供电，即可实现水泵的间歇工作；电磁阀为 12 V 工作。如图 5-6 所示两种执行机构均采用继电器驱动，控制电路与执行电路不共地，减小控制电路所受的干扰。FPGA 核心板通过 3.3V 的开关量 drive 0 和 drive 1 即可实现水泵和电磁阀的控制。

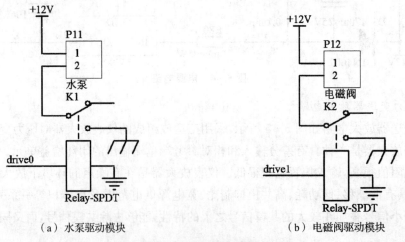

（a）水泵驱动模块　　　　　　　（b）电磁阀驱动模块

图 5-6　水箱控制执行机构控制

（4）显示驱动电路

显示驱动电路如图 5 - 7 所示，采用两组四位一体的共阳数码管，分别显示液位高度设定值和实时液位高度值。

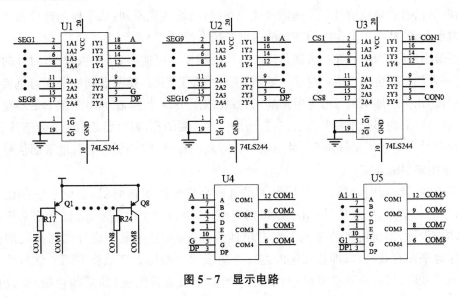

图 5 - 7　显示电路

5.4.2　PCB 设计

根据电路原理图，水箱液位控制板分为传感器输入模块、信号调理模块、按键模块、数码管显示及驱动模块、水泵及驱动模块、电磁阀及驱动模块等。

设计 PCB 包括创建 PCB 板、布局、布线等方面的内容。

1. 创建 PCB 设计文件。

根据结构图设置板框尺寸，按结构要素布置安装孔、接插件等需要定位的器件，并给这些器件赋予不可移动属性。按工艺设计规范的要求进行尺寸标注。正确选定单板坐标原点的位置，一般取单板左边和下边的延长线交汇点或单板左下角的第一个焊盘中心为原点。板框四周倒圆角，倒角半径 5 mm。

2. PCB 布局

PCB 布局需遵循以下原则：A. 遵照"先大后小，先难后易"的布置原则，即重要的单元电路、核心元器件应当优先布局；B. 布局过程应参考原理框图，根据单板的主信号流向规律安排主要元器件；C. 布局应尽量满足以下要求：总的连线尽可能短，关键信号线最短；高电压、大电流信号与小电流，低电压的弱信号完全分开；模拟信号与数字信号分开；高频信号与低频信号分开；高频元器件的间隔要充分；D. 相同结构电路部分，尽可能采用"对称式"标准布局；E. 按照均匀分布、重心平衡、版面美观的标准优化布局；F. 器件布局栅格的设置，一般 IC 器件布局时，栅格应为 50～100 mil，小型表面安装器件，如表面贴装元件布局时，栅格设置应不少于 25 mil。同类型插装元器件在 X 或 Y 方向上应朝一个方向放置。同一种类型的有极性分立元件也要力争在 X 或 Y 方向上保持一致，便于生产和检验。元器件的排列要便于调试和维修，即小元件周围不能放置大元件，需调试的元、器件周围要有足够的空间。IC 去偶电容的布局要尽量靠近 IC 的电源管脚,并使之与电源和地之间形成的回路最短。

3. PCB 布线

PCB 布线原则:布线优先次序遵循以下两种原则:关键信号线优先;电源、模拟小信号、高速信号、时钟信号和同步信号等关键信号优先布线;密度优先原则:从单板上连接关系最复杂的器件着手布线;从单板上连线最密集的区域开始布线。

环路最小规则,即信号线与其回路构成的环面积要尽可能小,环面积越小,对外的辐射越少,接收外界的干扰也越小。针对这一规则,在地平面分割时,要考虑到地平面与重要信号走线的分布,防止由于地平面开槽等带来的问题;在双层板设计中,在为电源留下足够空间的情况下,应该将留下的部分用参考地填充,且增加一些必要的孔,将双面地信号有效连接起来,对一些关键信号尽量采用地线隔离,对一些频率较高的设计,需特别考虑其地平面信号回路问题,建议采用多层板为宜。

对应地线回路规则,实际上也是为了尽量减小信号的回路面积,多见于一些比较重要的信号,如时钟信号,同步信号;对一些特别重要,频率特别高的信号,应该考虑采用铜轴电缆屏蔽结构设计,即将所布的线上下左右用地线隔离,而且还要考虑好如何有效的让屏蔽地与实际地平面有效结合,即相邻层的走线方向成正交结构。避免将不同的信号线在相邻层走成同一方向,以减少不必要的层间窜扰;当由于板结构限制(如某些背板)难以避免出现该情况,特别是信号速率较高时,应考虑用地平面隔离各布线层,用地信号线隔离各信号线。

一般不允许出现一端浮空的布线(Dangling Line),主要是为了避免产生"天线效应",减少不必要的干扰辐射和接受,否则可能带来不可预知的结果。

A. 在印制版上增加必要的去耦电容,滤除电源上的干扰信号,使电源信号稳定。

在多层板中,对去耦电容的位置一般要求不太高,但对双层板,去耦电容的布局及电源的布线方式将直接影响到整个系统的稳定性,有时甚至关系到设计的成败。

B. 在双层板设计中,一般应该使电流先经过滤波电容滤波再供器件使用,同时还要充分考虑到由于器件产生的电源噪声对下游的器件的影响,一般来说,采用总线结构设计比较好。在设计时,还要考虑到由于传输距离过长而带来的电压跌落给器件造成的影响,必要时增加一些电源滤波环路,避免产生电位差。

水箱液位控制板的 PCB 设计如图 5-8 所示,传感器输入端的模拟小信号原理信号干扰源,模拟电源和数字电源分别供电,且模拟地与数字地严格分开,通过单点接地,有效地保证了模拟信号的可靠性。

5.4.3　程序设计

水箱程序顶层模块框图如图 5-9 所示,采用 VHDL 硬件语言与图形混合编程方式,包括分频器模块、按键扫描模块、串行 AD 采样模块、水位控制模块和数码管显示模块。

分频器模块将 100 MHz 的系统频率分成 1 kHz 的时钟信号。按键扫描模块实时识别按键,并驱动水位控制模块和数码管显示模块。串行 AD 采样模块实现对 12 位串行芯片 AD7991 的访问,检测反应液位高度的 AD 值。水位控制模块根据 AD 采样值,通过驱动水泵或电磁阀来调整液位高度。数码管显示模块实时显示液位高度和液位高度上下限值。

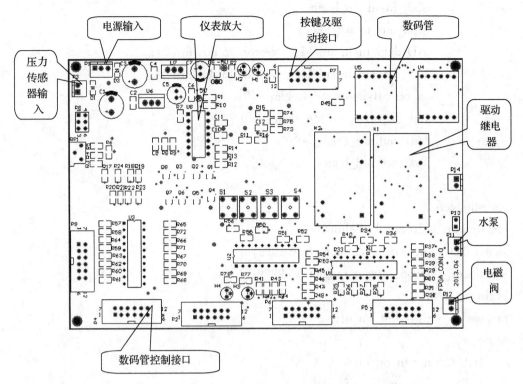

图 5 - 8　水箱控制板 PCB 版图

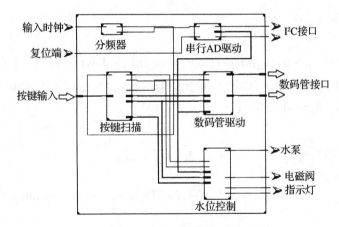

图 5 - 9　程序顶层框图

水位控制模块程序如下：

```
library IEEE;
use IEEE. STD_LOGIC_1164. ALL;
use ieee. std_logic_unsigned. all;
entity shuiwei is
port  (
```

```
            set_ok:in std_logic_vector(1 downto 0);
            shui_in:in std_logic;
            shui_out:in std_logic;
            AD_data_in:in std_logic_vector(15 downto 0);
            key_data_in:in std_logic_vector(15 downto 0);
            in_on_off:inout std_Logic:='0';
            out_on_off:inout std_logic:='0';
            led1:out std_Logic:='0';
            led2:out std_logic:='0'
        );
    end shuiwei;
    architecture Behavioral of shuiwei is
    signal AD_shuiwei:integer range 0 to 9999;
    signal key_shuiwei:integer range 0 to 9999;
    begin
    process(in_on_off,out_on_off)
    begin
        led1<=not in_on_off;
        led2<=not out_on_off;
    end process;
    process(key_data_in)
    begin
        key_shuiwei<=conv_integer(key_data_in(15 downto 12)) * 1000+conv_integer
    (key_data_in(11 downto 8)) * 100+conv_integer(key_data_in(7 downto 4)) * 10+conv_
    integer(key_data_in(3 downto 0));
        end process;
        process(AD_data_in)
        begin
            AD_shuiwei<=(conv_integer(AD_data_in(11 downto 0)) * 3230/4096-
    1730)/10;
        AD_shuiwei<=conv_integer(AD_data_in(11 downto 0)) * 3220/4096;
    end process;
    process(shui_in,shui_out,key_shuiwei,AD_shuiwei,set_ok)
    begin
        if set_ok="10" then
            if key_shuiwei<AD_shuiwei-20 then
                in_on_off<='0';
```

```
                out_on_off<='1';
            elsif key_shuiwei>AD_shuiwei+20 then
                in_on_off<='1';
                out_on_off<='0';
            else
                in_on_off<='0';
                out_on_off<='0';
            end if;
        elsif set_ok="00" then
            if shui_in='0' then
                out_on_off<='0';
                in_on_off<='1';
            elsif shui_out='0' then
                in_on_off<='0';
                out_on_off<='1';
            else
                in_on_off<='0';
                out_on_off<='0';
            end if;
        else
                in_on_off<='0';
                out_on_off<='0';
        end if;
end process;
end architecture;
```

AD7991 参考程序如下：

```
library IEEE;
use IEEE. STD_LOGIC_1164. ALL;
use ieee. std_logic_unsigned. all;
use ieee. std_logic_arith. all;


—Uncomment the following library declaration if using
—arithmetic functions with Signed or Unsigned values
—use IEEE. NUMERIC_STD. ALL;


—Uncomment the following library declaration if instantiating
```

```
—any Xilinx primitives in this code.
—library UNISIM;
—use UNISIM. VComponents. all;


entity AD7991 is
port(
            clock : in std_logic; —200kHZ
            RESET : in std_logic;
            SDA : inout std_logic;
            SCL : out std_logic;
            AD_DATA_OUT: inout std_logic_vector(15 downto 0)
        );
end AD7991;


architecture Behavioral of AD7991 is

signal data_reg: std_logic_vector(15 downto 0);
type state is (start,transmit_slave_address,check_ack1,transmit_reg,check_ack2,stop,
read_start,read_slave_address, read_check_ack1, read_data_high, read_check_ack2, read_
data_low,no_ack,read_stop);
signal current_state : state:=start;
signal data1,data3:integer range 0 to 4096;
signal data2:integer range 0 to 127000;
signal num:integer range 0 to 31;
begin


AD_DATA_OUT<=conv_std_logic_vector(data3,16);


process(clock,RESET)
variable count1:integer range 0 to 16;
variable slave_address,internal_reg,internal_reg1,read_address,data_high,data_low:
std_logic_vector(8 downto 1);
variable cnt: std_logic_vector(6 downto 0);
variable cnt1:integer range 0 to 8;
—variable cnt2 :integer range 0 to 16;


begin
```

```
if RESET='0' then
count1:=0;
    data_reg<="0000000000000000";
    SDA<='1';
    SCL<='1';
    cnt1:=8;—1 byte length
    slave_address:="01010000"; —last bit 0 : write address model
    current_state<=start;
    read_address:="01010001";—last bit 1 : read address model
    internal_reg:="00011000"; —choose ad channel
elsif rising_edge(clock)   then
    case current_state is

        when start  =>   count1:=count1+1;—start
            case count1 is
                when 1 => SDA<='1';
                when 2 =>   SCL<='1';
                when 3 => SDA<='0';
                    when 4 =>   SCL<='0';
                when 5 =>
count1:=0;current_state<=transmit_slave_address;
                when others =>null;
            end case;
        when transmit_slave_address => count1:=count1+1;—write address
            case count1 is
                when 1 =>SDA<=slave_address(cnt1);
                when 2 =>SCL<='1';
                when 3 =>SCL<='0';
                when 4 =>cnt1:=cnt1-1;count1:=0;
                    if cnt1=0 then cnt1:=8;current_state<=check_ack1;
                        else current_state<=transmit_slave_address;
                    end if;
                when others =>null;
            end case;

    when check_ack1 => count1:=count1+1; —应答信号检查
        case count1 is
```

```
                    when 1 =>SDA<='Z';
                    when 2 =>SCL<='1';
                    when 3 =>
                 if SDA='0' then count1:=0;current_state<=transmit_reg;SCL<
='0';

                    end if;
                    when 16 =>current_state<=start;
                       when others =>null;
                  end case;

        when transmit_reg => count1:=count1+1;—write register
              case count1 is
                   when 1=>SDA<=internal_reg(cnt1);
                   when 2=>SCL<='1';
                   when 3=>SCL<='0';
                   when 4=>cnt1:=cnt1-1;count1:=0;
                       if cnt1=0 then cnt1:=8;current_state<=check_ack2;
                           else current_state<=transmit_reg;
                       end if;
                   when others=>null;
              end case;
        when check_ack2 => count1:=count1+1; —ack check
              case count1 is
                   when 1 =>SDA<='Z';
                   when 2 =>SCL<='1';
                   when 3 =>if SDA='0' then count1:=0;current_state<=
stop;
                                   SCL<='0';
                           end if;
                   when 16 =>current_state<=start;
                   when others =>null;
              end case;
        when stop => count1:=count1+1;—stop
              case count1 is
                   when 1=>SDA<='0';
                   when 2=>SCL<='1';
                   when 3=>SDA<='1';
```

```
                    when 15=>count1:=0;current_state<=read_start;
                    when others=>null;
                end case;
            —read conversion—
            when read_start  =>   count1:=count1+1;—read start signal
                case count1 is
                    when 1 => SDA<='1';
                    when 2 =>   SCL<='1';
                    when 3 => SDA<='0';
                        when 4 =>   SCL<='0';
                    when 5 => count1:=0;current_state<=read_slave_address;
                    when others =>null;
                end case;
            when read_slave_address => count1:=count1+1;—read address
                case count1 is
                    when 1 =>SDA<=read_address(cnt1);
                    when 2 =>SCL<='1';
                    when 3 =>SCL<='0';
                    when 4 =>cnt1:=cnt1-1;count1:=0;
                    if cnt1=0 then cnt1:=8;current_state<=read_check_ack1;
                        else current_state<=read_slave_address;
                    end if;
                    when others =>null;
                end case;
            when read_check_ack1 => count1:=count1+1; —ack check
                case count1 is
                    when 1 =>SDA<='Z';
                    when 2 =>SCL<='1';
                    when 3 =>if SDA='0' then count1:=0;current_state<=read
_data_high;
                            SCL<='0';
                        end if;
                    when 16 =>current_state<=start;
                    when others =>null;
                end case;

            when read_data_high => count1:=count1+1;—read high 8 data
```

```
            case count1 is
                when 1=>SDA<='Z';
                when 2=>SCL<='1';
                when 3=>data_high(cnt1):=SDA;
                when 4=>SCL<='0';
                when 5=>cnt1:=cnt1-1;count1:=0;
                    if cnt1=0 then cnt1:=8;current_state<=read_check
_ack2;
                        else current_state<=read_data_high;
                    end if;
                when others=>null;
            end case;
        when read_check_ack2 => count1:=count1+1;  --检查应答
            case count1 is
                when 1 =>SDA<='0';
                when 2 =>SCL<='1';
                when 3 =>count1:=0;current_state<=read_data_low;SCL<
='0';
                when others =>null;
            end case;
        when read_data_low => count1:=count1+1;  --读低8为数据
            case count1 is
                when 1=>SDA<='Z';
                when 2=>SCL<='1';
                when 3=>data_low(cnt1):=SDA;
                when 4=>SCL<='0';
                when 5=>cnt1:=cnt1-1;count1:=0;
                    if cnt1=0 then cnt1:=8;
                        current_state<=no_ack;
data_reg<=data_high(4 downto 1)&data_low;
                        data_reg<=data_high&data_low;
                        data1<=conv_integer(data_reg(11 downto 0));

                        if num<31 then data2<=data2+data1;
                            num<=num+1;
                        else
                                data3<=data2/31;
```

```
                              data2<=0;
                                num<=0;
                           end if;
                           else current_state<=read_data_low;
                        end if;
                   when others=>null;
                end case;
        when no_ack    => count1:=count1+1; —no ack
           case count1 is
              when 1 =>SDA<='1';
              when 2 =>SCL<='1';
              when 3 =>SCL<='0';
              when 4 =>count1:=0;
                      current_state<=read_stop;
              when others =>null;
           end case;
        when read_stop => count1:=count1+1;—stop read
           case count1 is
              when 1=>SDA<='0';
              when 2=>SCL<='1';
              when 3=>SDA<='1';
              when 4=>count1:=0;current_state<=start;
                  frequency<=not frequency;
              when others=>null;
           end case;
        when others =>null;
     end case;
   end if;
end process;
end Behavioral;
```

5.4.4 系统调试与分析

（1）测试仪器
测试所需仪器如表 5-1 所示。

表 5-1

序号	仪器名称	型 号	数 量
1	0~20 MHz 双踪示波器	CS-4125A	1台
2	稳压电源 30 V/10 A 双路	DF1731SL3A	1台
3	函数信号发生器/计数器	EE1641B	1台
4	数字万用表	DT9205A	1台

（2）测试过程

◆ 硬件平台调试

搭建如图 5-10 和 5-11 所示的测试平台。检查水箱控制板的焊接质量,排除虚焊、短路等故障;用万用表测量电源和地之间有无短路。各模块之间的接口定义如下表:

序号	FPGA 核心板	水箱控制板	接口定义
1	J10	P5	数码管
2	J12	P6	数码管
3	J5	P9	数码管
4	J8	P7	按键与驱动
5	J15	P14	AD 采样
6	J11	P2	工作状态指示灯

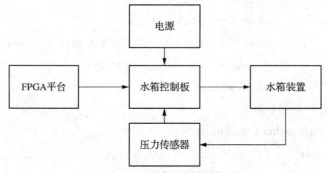

图 5-10　测试平台连接框图

◆ 静态工作点测试

P8 端口上跳帽连接方式为 2-3、5-6,调节电位器 RP1,使 3 脚直流电压值为 10 mV 左右,测量仪表放大器的输出为 1 V。

◆ 动态调试

改变 P8 端口上跳帽连接方式为 2-1、5-4,是压力传感器的信号接入仪表放大器。手动接通水泵,水位匀速上升;接通电磁阀,水箱泄水,水位匀速下降。控制水位高度在上限水位和下限水位之间变化,反复双向测量,记录仪表放大器输出信号的直流电压变化的线性情况,采用划分区间、近似线性的方式映射水位高度与电压值的关系,为程序编写提供数据依据。

◆ 功能测试

开机后,系统进入液位检测状态,数码管实时显示液位高度,指示灯显示工作状态(泵水、停止、排水)。

长按设置键,进入上、下极限水位设定模式,通过增加、减少、移位按键组合设定完极限水位之后,按确认键将设定值写入 EEPROM 中,完成设置。断电开机后,可以查看设定好的上下极限水位值。

设定预置水位高度值,系统自动使用水泵和电磁阀协调动作来调节水位高度。

◆ 性能测试

控制精度测试,在上下极限水位之间,设定多次目标水位高度,测量实际水位的高度误差应小于±3 mm。

稳定时间测试,多次测量从目标水位高度设定完成到系统稳定至目标高度的响应时间,要求≤5 s。

图 5 - 11　测试实物图

5.4.5　结论

本实训要求设计并制作基于 FPGA 实验平台的水箱液位控制系统,根据实训条件可自行选择液位高检测的开环方式和液位高度监测及控制的闭环方式两种任务模式。

通过本次实训,学生能够掌握液位监控系统的结构、组成及其工作原理;能够分析压力检测电路的功能及 FPGA 基本功能;基于 FPGA 平台,利用 VHDL 硬件语言完成相关程序模块的设计;正确使用常用仪器,正确测试及测量电子器件和电子线路有关参数;能够看懂电路原理图、电路实际装配图,并能够互相协作完成电子产品从设计、器件选择、焊接、调试、故障排除到整机装配整个过程。在此过程中要求学生按照工艺过程控制(IPC,industrial process control)工艺安装调试印制电路板,在设计与制作过程中能够从经济性和环保性等方面去考虑,鼓励其在设计与制作中自主学习,大胆实践,开拓创新,积极地将自己的想法掺加到实际电路当中去。培养学生掌握基本的电路设计、制作方法及技巧,以及系统、完整、具体地解决实际问题的职业综合能力。

5.4.6 项目用元器件清单

序号	名称	代号	规格/型号	数量	备注
		元器件清单			
1	电阻	R6,R15,R16	100±5%	3	0805
2	电阻	R17~R72	510±5%	56	0805
3	电阻	R8,R10,R12	1K±5%	3	0805
4	电阻	R11,R13,R14,R77,R78	5.1K±5%	5	0805
5	电阻	R1~R5,R7,R9,R73~R76	10K±5%	11	0805
6	电位器	RP1	10K	1	3296Y
7	电容	C2,C4,C6,C8,C9,C10,C11,C12	0.1uF	8	0805
8	电解电容	C7	10 uF/10 V	1	CD110－10 V
9	电解电容	C5	220 uF/10 V	1	CD110－10 V
10	电解电容	C1,C3	470 uF/25 V	2	CD110－25 V
11	二极管	D1,D3	1N4007	2	SMA
12	三极管	Q1~Q8	S8550	8	SOT－23
13	数码管	U4,U5	LG3641AH_4	2	共阳
14	集成电路	U1,U2,U3	74LS244	3	DIP20
15	集成电路	U8	LM324AD	1	DIP14
16	集成电路	U7	LM7905	1	TO-220
17	集成电路	U6	MC7805ACT	1	TO-220
18	LED灯	H1	Green	1	直插
19		H2,H3,H4	Red	3	直插
20	开关	S1,S2,S3,S4	SW－PB2	4	6.5 mm * 6.5 mm * 5 mm
21	连接器	P1	TJC3-3	1	TJC3-3
22	连接器	P3,P11,P12,P14	TJC3-2	1	TJC3-2
23	蜂鸣器	P13	TJC3-2	1	TJC3-2

5.5 相关知识附录

MPX100P

The MPX100 series device is a silicon piezoresistive pressure sensor providing a very accurate and linear voltage output — directly proportional to the applied pressure. This standard, low cost, uncompensated sensor permits manufacturers to design and add their own external temperature compensating and signal conditioning networks. Compensation techniques are simplified because of the predictability of Motorola's single element strain gauge design.

Features

- Low Cost
- Patented, Silicon Shear Stress Strain Gauge Design
- Easy to Use Chip Carrier Package Options
- Ratio metric to Supply Voltage
- 60 mV Span (Typ)
- Absolute, Differential and Gauge Options
- $\pm 0.25\%$ Linearity (Max)

Application Examples

- Pump/Motor Controllers
- Robotics
- Level Indicators
- Medical Diagnostics
- Pressure Switching
- Barometers
- Altimeters

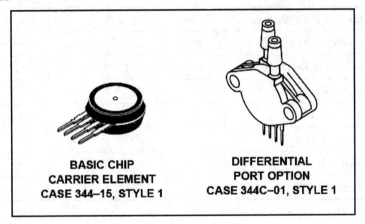

BASIC CHIP CARRIER ELEMENT CASE 344–15, STYLE 1　　**DIFFERENTIAL PORT OPTION CASE 344C–01, STYLE 1**

Figure 1　illustrates a schematic of the internal circuitry on the stand-alone pressure

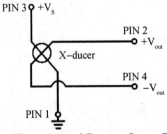

PIN NUMBER			
1	Gnd	3	V_s
2	$+V_{out}$	4	$-V_{out}$

Figure 2　Uncompensated Pressure Sensor Schematic

MAXIMUM RATINGS

Rating	Symbol	Value	Unit
Overpressure(8)(P1>P2)	P_{max}	200	kPa
Burst Pressure(8)(P1>P2)	p_{burst}	1000	kPa
Storge Temperature	T_{stg}	−40to+125	℃
Operating Temperature	T_A	−40to+125	℃

OPERATING CHARACTERISTICS(V_S=3.0Vdc, T_A=25℃ unless otherwise onted, P1>P2)

	Symbol				Unit
Pressure Range(1)	P_{OP}	0	—	100	kPa
Supply Voltage(2)	V_S	—	3.0	6.0	Vdc
Supply Current	I_O	—	6.0	—	mAdc
Full Scale Span(3)	V_{FSS}	45	60	90	mV
Offest(4)	V_{off}	0	20	35	mV
Linearity(5)	—	−0.25	—	0.25	%V_{FSS}
Pressure Hysteresis(5)(0 to 100 kPa)	—	—	±0.1	—	%V_{FSS}
Pressure Hysteresis(5)(−40℃to+125℃)	—	—	±0.5	—	%V FSS
Temperature Coefficient of Full Scale Span(6)	TCV_{FSS}	−0.22	—	−0.16	%V_{FSS}/℃
Temperature Coefficient of Offset(5)	TCV_{off}	—	±15	—	μV/℃
Temperature Coefficient of Resistance(5)	TC_R	0.21	—	0.27	%Z_{in}/℃
Input Impedance	Z_{in}	400	—	550	Ω
Output impedance	Z_{out}	750	—	1875	Ω
Response Time(6) (10% to 90%)	t_R	—	1.0	—	ms
Warm-Up	—	—	20	—	ms
Offest Stabillity(9)	—	—	±0.5	—	%V_{FSS}

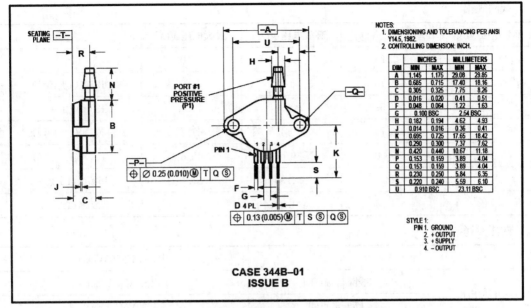

超小型功率继电器 HF6F

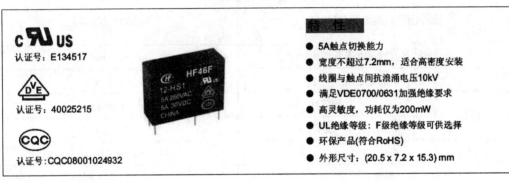

认证号：E134517

认证号：40025215

认证号：CQC08001024932

特　性

- 5A触点切换能力
- 宽度不超过7.2mm，适合高密度安装
- 线圈与触点间抗浪涌电压10kV
- 满足VDE0700/0631加强绝缘要求
- 高灵敏度，功耗仅为200mW
- UL绝缘等级：F级绝缘等级可供选择
- 环保产品(符合RoHS)
- 外形尺寸：(20.5 x 7.2 x 15.3) mm

触点参数

触点形式	1H
接触电阻	$\leqslant 100 \text{ m}\Omega$ (1 A 24VDC)
触点材料	$AgSnO_2$, AgNi
触点负载(阻性)	3A/5A 250VAC/30VDC
最大切换电压	277VAC/30VDC
最大切换电流	5 A
最大切换功率	1385VA/150W
机械耐久性	5×10^6 次
电耐久性	1.2×10^5 次(详见安全认证报告)

线圈规格

额定电压 VDC	动作电压 VDC	释放电压 VDC	最大电压 VDC	线圈电阻 Ω
3	≤2.25	≥0.18	3.90	45×(1±10%)
5	≤3.75	≥0.25	6.50	125×(1±10%)
6	≤4.50	≥0.30	7.80	180×(1±10%)
9	≤6.75	≥0.45	11.7	405×(1±10%)
12	≤9.00	≥0.60	15.6	720×(1±10%)
18	≤13.5	≥0.90	23.4	1620×(1±10%)
24	≤18.0	≥1.20	31.2	2880×(1±10%)

性能参烤

绝缘电阻		1000 MΩ(500VDC)
介质耐压	线圈与触点间	4000VAC 1 min
	断开触点间	1000VAC 1 min
浪涌电压(线圈与触点间)		10 kV(1.2/50μs)
动作时间(额定电压下)		≤10 ms
释放时间(额定电压下)		≤10 ms
冲击	稳定性	98 m/s²
	强度	980 m/s²
振动[1]		10 Hz~55 Hz 1.5 mm 双振幅
湿度		5%~85% RH
温度范围		−40℃~85℃
引出端方式		印制板式
重量		约3 g
封装方式		防焊剂型、塑封型

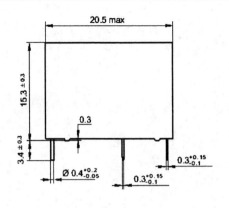

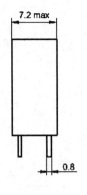

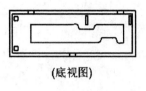

(底视图)

安装孔尺寸

(底视图)

接线图

(底视图)

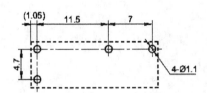

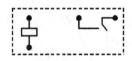

参 考 文 献

[1] 赵秋. TMP122 测温电路设计[J]. 传感器世界,2008(8).

[2] 赵秋. 基于 MSP430F247 和 TMP275 的测温仪[J]. 电子设计工程,2009(1).

[3] 赵秋. 可与计算机通信的测温系统[J]. 国外电子元器件,2008(3).

[4] 赵秋. 基于搜索算法的多点温度测量存储系统[J]. 电子工程师,2008(10).

[5] 赵秋. 高职院校综合实训项目实施的探究[J]. 职业时空,2010(2).

[6] 戴娟. 单片机技术与项目实施[M]. 南京大学出版社,2010.